Medieninhaber | Herausgeber
eMagnetix Online Marketing GmbH
Maximilianstraße 4
4190 Bad Leonfelden

www.emagnetix.at
office@emagnetix.at

Inhalt
Mag. (FH) Thomas Fleischanderl, Klaus Hochreiter
Geschäftsführer der eMagnetix Online Marketing GmbH

Redaktion
Astrid Thürriedl, MA

Autoren
Peter Ecker, MA
Anke Eidenberger, BA
Melanie Feilmayr
Andreas Haider
Stefan Mitmansgruber
Astrid Thürriedl, MA

Typografie | Layout | Illustrationen
Jasmin Nimmervoll

Druck
Druckerei Bad Leonfelden GmbH, www.dbl.at

Lieber Leser! Liebe Leserin!
Hat Sie unser Buch begeistert? Geben Sie uns Rückmeldung über Ihren Erfolg und Ihre Erfahrungen mit unserem Buch „Erste Hilfe fürs Online Marketing". Senden Sie uns eine E-Mail an office@emagnetix.at

ISBN 978-3-9503874-0-7

1. Auflage 2014

Erste Hilfe fürs Online Marketing

eMagnetix ® Online Marketing GmbH

Vorwort

Online Marketing ist **eine der effizientesten Werbemaßnahmen** für einen Unternehmer. Dabei denken viele an große Veränderungen, die oft viel Aufwand und Budget benötigen, um realisiert werden zu können und wissen eigentlich nicht, dass es günstige und schnelle Möglichkeiten gibt, die **jeder leicht selbst umsetzen** kann.

Seit 2009 (Expertise seit 2004) beschäftigen wir uns bei eMagnetix nun schon mit dem Thema Online Marketing und all seinen Facetten. Wir wissen aus Erfahrung, dass es eine Menge von kleinen und trotzdem sehr effektiven Aktionen gibt, die man selbst setzen kann. Teilweise reichen schon wenige Handgriffe aus, um diese erfolgreich umzusetzen.

Oft fehlt einfach nur das Wissen darüber, was es gibt und wie man es realisieren kann. Genau deshalb haben wir uns entschlossen, dieses Buch zu schreiben. In diesem Buch werden **Maßnahmen erklärt, die relativ einfach vom Unternehmer selbst umgesetzt werden** können und entsprechende Wirkung zeigen (Beispiel: Google My Business Eintrag oder das Erstellen einer Facebook-Seite).

Dieses Buch enthält **Checklisten und Beispiele aus der Praxis** und erleichtert damit die Umsetzung der einzelnen Schritte. **Spezielle Tipps von den Experten** für die einzelnen Bereiche (sozusagen aus dem „Nähkästchen" geplaudert) liefern Ihnen den besonderen Feinschliff. Eine Sammlung hilfreicher **Tools und Tipps** der Redaktion zu Zeitschriften, Büchern und Blogs, bieten die Möglichkeit noch tiefer ins Online Marketing einzutauchen. Natürlich zeigen wir Ihnen auch, wie Sie Ihre **Erfolge messen** können und letztendlich stolz auf die eigenen Umsetzungen sein können!

„Erste Hilfe fürs Online Marketing" ist ideal für Unternehmen, die **wenig Budget für Online Marketing** zur Verfügung haben, denen es jedoch nicht an Ressourcen für die interne Umsetzung der Maßnahmen mangelt oder bei denen der Unternehmer selbst bereit ist, mit Hilfe des Buches, sein Online Marketing in Schwung zu bringen.

Nehmen Sie das Buch zur Hand, verschaffen Sie sich einen Überblick und picken Sie sich die Maßnahmen heraus, die Sie für sinnvoll erachten oder gerne umsetzen möchten. Verwenden Sie das Buch, wann immer Sie einen neuen Schritt im Online Marketing wagen wollen. Leisten Sie Erste Hilfe bei Ihrem Online Marketing und **lassen Sie die Konkurrenz hinter sich**!

Viel Spaß und Erfolg wünscht Ihnen das Team von eMagnetix! Los geht's!

Inhaltsverzeichnis

Vorwort 6
Glossar 8
Einleitung „Was ist Online Marketing?“ 16
Einleitung „Was ist Suchmaschinenmarketing (SEM)“ 19
Keywords 22
Google Analytics 29
Suchmaschinenoptimierung OnPage 34
Suchmaschinenoptimierung OffPage 41
Google Universal Search 45
Google My Business 51
Google AdWords 55
Landingpage Optimierung 68
Webredaktion 74
Facebook 85
Facebook-Werbung 95
Xing 103
YouTube 108
Online Reputation Management 113

Google Konto 120
Facebook-Gewinnspiel 121
Auswahl einer Online Marketing Agentur 126
Tools 128
Tipps der Autoren 129
Autoren 132
App 134
Weiterempfehlung 135
Quellen 136

Zum Inhalt

Wenn im Buch von Usern, Benutzern, Lesern oder anderen Personen geschrieben wird, sind immer Personen beider Geschlechter gemeint. Zugunsten der Lesbarkeit haben wir auf eine korrekte Gender-Schreibweise verzichtet.

Ebenfalls möchten wir darauf hinweisen, dass sich aufgrund der Schnelllebigkeit der Online Marketing Welt oft Änderungen bei vielen Tools und Benutzeroberflächen ergeben können. Sollte dies der Fall sein und Sie unsere Hilfe benötigen, dann nutzen Sie unsere Beratungshotline – alle Infos unter www.emagnetix.at/hotline

Glossar

Keine Angst vor Fachbegriffen! Diese werden im Glossar erklärt und Sie können während dem Lesen des Buches jederzeit wieder darauf zurückgreifen, wenn Ihnen ein Begriff unklar ist. Und falls ein Begriff dann immer noch nicht klar ist, googlen Sie bitte und finden Sie weitere Erklärungen und Beispiele.
Wenn Sie sich bereits in der Begriffswelt des Online Marketings zurechtfinden, dann können Sie das Glossar überspringen und gleich auf S. 16 weiterlesen.

301-Weiterleitung, 301-Redirects

Weiterleitungen werden benötigt, wenn es eine Seite nicht mehr gibt oder diese unter einer neuen URL verfügbar ist. Ohne Weiterleitung würden der Besucher und auch der Google-Suchroboter nur eine Fehlermeldung (404-Fehler) bekommen, da die Seite nicht mehr existiert (frustrierend). Wenn jedoch für eine solche Seite eine Weiterleitung eingerichtet wurde, dann wird der Benutzer gleich weitergeleitet und auch der Google-Suchroboter bekommt den Status-Code 301 zurück (Moved Permanently = dauerhaft verschoben) und die neue URL für die Seite. Somit ist das Auffinden der Seite für beide kein Problem.

404-Fehler

Beim Aufruf einer Website wird zu allererst überprüft, ob das gewünschte Dokument abrufbar ist und ein HTTP Statuscode zurückgegeben. Eine Fehlermeldung „HTTP Error 404" bedeutet, dass die gewünschte Seite oder eingegebene URL nicht aufgerufen werden kann. Die angeforderte Ressource wurde nicht gefunden.

Absprungrate

Die Absprungrate gibt an, wie viele Besucher Ihrer Website nur eine einzelne Seite besuchen und diese dann wieder verlassen. Die Absprungrate wird in der Regel in Prozent angegeben und kann Aufschluss darüber geben, wie interessant die Inhalte Ihrer Website sind. Je niedriger, desto besser.

A/B-Test

Beim A/B-Test (oder A/B-Testing) werden beispielsweise zwei Varianten einer Landingpage gegeneinander getestet. Dies kann entweder nacheinander passieren (in 1. Zeitspanne wird Landingpage A ausgespielt, in 2. Zeitspanne Landingpage B) oder über zwei Testgruppen (Gruppe 1 bekommt Landingpage A ausgespielt, Gruppe 2 Landingpage B). Letztendlich zeigt sich über welche Landingpage ein Ziel (z.B. Anmeldung zum Newsletter, Buchung, Kauf, etc.) besser erreicht wird. Man kann das A/B-Testing auch für das Testen von Textmengen, Layouts, Formularen, uvm. verwenden. Wichtig ist, dass es nur zwei Varianten gibt, die einander gegenübergestellt werden.

Above the fold

Bereich der Website, der auf den ersten Blick und ohne zu scrollen für den User sichtbar ist. Dabei handelt es sich um den Bereich der Website, dem in der Regel die meiste Aufmerksamkeit geschenkt wird. Dementsprechend sollten die wichtigsten Inhalte above the fold untergebracht werden.

AdBurnout

Dieses tritt ein, wenn User eine Werbung bereits so oft gesehen haben, dass sie diese nicht mehr wahrnehmen und/oder derer überdrüssig werden. Gegensteuern kann man damit, indem man Bilder bzw. Texte einer Werbeanzeige regelmäßig wechselt oder mittels Frequency-Capping (siehe Seite 11).

AdWords

Hierbei handelt es sich im herkömmlichen Sinne um bezahlte Anzeigen, die am rechten Rand und ober- oder unterhalb der normalen Suchergebnisse auf der Google-Suchergebnisseite (deutlich gekennzeichnet durch das gelb hinterlegte Wort „Anzeige") erscheinen. Diese Anzeigen erscheinen abhängig vom eingegebenen Suchbegriff, sofern dieser vom Werbetreibenden über Google AdWords gebucht wurde. Dieser muss dann pro Klick dafür bezahlen.

Alt-Attribute, Alt-Tag

Das Alt-Attribut ist ein Teil des Image-Tags und beschreibt das Bild in Textform. Wenn das Bild nicht geladen werden kann oder das Format nicht vom Browser unterstützt wird, wird anstelle des Bildes das Alt-Attribut angezeigt. Auch Suchmaschinen interpretieren über das Alt-Attribut den Inhalt des Bildes, denn „sehen bzw. lesen" können sie das Bild ja nicht.

App für Facebook
Generell ist „App" die Abkürzung für Applikation und meint eine Anwendungssoftware für Mobiltelefone, PCs und Tablets. Im Zusammenhang mit Facebook ist eine App eine Anwendung, die man auf der eigenen Facebook-Seite integrieren kann. Diese wird nicht von Facebook zur Verfügung gestellt, sondern muss für den gewünschten Einsatzzweck programmiert werden.

Assets
Sind eigens von Ihnen in Google Analytics erstellte Tools, die Ihnen dabei helfen, Ihre Datenanalyse optimal an Ihre Bedürfnisse anzupassen. Beispiele für Assets sind: benutzerdefinierte Ziele oder benutzerdefinierte Berichte. Diese Assets können auch mit anderen Google Analytics Benutzern geteilt und gemeinsam bearbeitet werden.

Backlink
Ein Backlink ist ein Link (Verweis) von einer anderen Website zu Ihrer (zum Beispiel ein Link von www.xy.at zu www.yz.at). Backlinks sind ein wichtiges Signal für Suchmaschinen, um Ihre Website zu gewichten. Demnach werden Websites mit vielen hochwertigen Backlinks in der Regel weiter vorne gereiht, als Websites ohne Backlinks.

Banner
Der Banner ist ein grafisches Werbemittel in den unterschiedlichsten Formaten im Internet (auf Websites), welcher mit einer Website oder Landingpage verknüpft ist. Banner können auch animiert sein, mit Ton hinterlegt sein oder auf Aktionen (mit der Maus darüber bewegen) des Betrachters reagieren.

Blog
Ein Blog ist eine Art Online-Tagebuch, in dem vom Inhaber (Blogger) regelmäßig Beiträge zu einem bestimmten Thema online gestellt werden. Beispiel: Jemand beschäftigt sich intensiv mit dem Thema Backen und stellt regelmäßig seine neuesten Rezeptideen, Trends bei Backutensilien oder Tipps für andere Bäcker auf seinem Blog online. Es besteht auch die Möglichkeit für Besucher des Blogs, die einzelnen Beiträge zu kommentieren, zu teilen oder weiterzuempfehlen.

Brand
Ist die englische Bezeichnung für „Marke". Über die „Marke" unterscheiden die Konsumenten beispielsweise Produkte oder Dienstleistungen eines Unternehmens von den Produkten oder Dienstleistungen eines anderen Unternehmens. Beispiele für bekannte Brands: Coca Cola, Google, Apple, Microsoft, Mc Donald's, ...

Brand-Channels
YouTube-Kanäle von Marken

Breadcrumbs
Wörtlich übersetzt bedeutet der Begriff „Brotkrumen". Eine Breadcrumb-Navigation auf einer Website gibt dem Besucher Aufschluss darüber, wo er gerade ist und wie er dort hingekommen ist. Bei jedem Navigationspunkt, den man am Weg besucht hat, wird ein Brotkrume abgelegt und man kann durch Klick auf diesen Brotkrumen dann wieder zu den besuchten Seiten zurücknavigieren. Aussehen kann eine Breadcrumb-Navigation dann in etwa so: „Startseite > Über eMagnetix > Geschichte". Man könnte jetzt von der Seite „Geschichte" über einen Klick auf „Startseite" wieder dorthin zurückkehren oder auf den Überpunkt „Über eMagnetix".

Browser
Sind Computerprogramme zur grafischen Darstellung von Websites. Es gibt verschiedene Browser: Internet Explorer, Mozilla Firefox, Google Chrome, Opera, ...

Call to Action
Eine Call to Action ist ein Element aus der Werbung und soll zu einer bestimmten Handlung/Aktion, wie zum Beispiel den Besuch einer Website, zum Kauf eines Produktes oder zum Buchen eines Urlaubes, animieren. Beispiele: „Jetzt klicken und informieren!" oder „Gleich hier buchen!".

Canonical-Tag
Der Canonical-Tag wird auf Seiten einer Website eingesetzt, um bei doppelt vorhandenen Inhalten (Duplicate Content) auf das Original zu verweisen. Da Suchmaschinen doppelte Inhalte negativ bewerten, ist die korrekte Setzung sinnvoll. Es wird dann nur das Original zur Indexierung herangezogen.

CMS
Das Content-Management-System (kurz CMS) ist ein Verwaltungssystem, welches der Erstellung, Verwaltung und Bearbeitung von Inhalten einer Website dient. Mithilfe des CMS können Text und Multimedia einfach und ohne Programmierkenntnisse

auf einer Website organisiert und erstellt werden. Bekannte Open-Source-CMS sind beispielsweise WordPress, Joomla und Typo3.

Community
Ist eine Gemeinschaft, die sich online zusammengefunden hat und deren Mitglieder sich zu einem Thema austauschen, sich unterhalten, Daten austauschen und die Gemeinschaft pflegen. Ein Beispiel wäre eine Community zum Thema „Vermeidung von Plastikmüll“ oder „Auslandssemester in Belgien“.

Conversion
Übersetzt bedeutet Conversion „Umwandlung“. Diese ist abhängig vom Ziel des Werbetreibenden im Internet. Ist es das Ziel, Newsletter-Abonnenten über eine bestimmte Landingpage zu generieren, so ist jedes fertig ausgefüllte Anmelde-Formular als eine Conversion zu werten (ein Zielabschluss).

Conversion Rate
Ist die Relation zwischen Zielabschlüssen (Conversions) und der Anzahl der Besucher einer Landingpage. Über diese Kennzahl kann der Erfolg eines Online-Werbemittels gemessen werden.

Cookies
Dabei handelt es sich um kleine Textdateien, die am Computer des Besuchers einer Website gespeichert werden und dazu dienen das Nutzerverhalten zu registrieren und zu speichern. In Cookies werden beispielsweise die besuchten Websites, die Besuchsdauer und andere Werte gespeichert. Cookies werden in der Werbung genutzt, um bestimmte Anzeigen exakt einer Person auszuspielen.

Corporate Identity (CI)
Die Corporate Identity beschreibt die Merkmale einer Firma. Die CI dient vor allem zur Steigerung des Wiedererkennungswertes eines Unternehmens. Sie beinhaltet unter anderem: Unternehmensverhalten, Unternehmenskommunikation, Erscheinungsbild (Logo, Drucksorten, Website, etc.).

Cost per Click (CPC)
Dabei handelt es sich um eine Abrechnungsform, bei welcher pro Klick auf das Werbemittel (z.B. Banner) bezahlt wird. Klickt niemand, muss dafür auch nicht bezahlt werden.

Cost per Mille (CPM)
Im Gegensatz zum Cost per Click, wir hier pro 1.000 Impressionen (Anzeigen) des Werbemittels bezahlt. Es ist dabei nicht ausschlaggebend, ob jemand auch tatsächlich auf das Werbemittel klickt.

Crawling
Suchmaschinen setzen Computerprogramme ein (Webcrawler), die automatisch 24 Stunden und 7 Tage die Woche das Internet durchsuchen und Websites analysieren (Crawling). So gelangt auch Ihre Seite in den Index von Suchmaschinen.

Cross-Selling
Bedeutet, dass sie den Verkauf eines Produktes auch gleichzeitig für den Verkauf eines anderen/weiteren Produktes nutzen. Sie kennen sicher die Situation, wenn Sie in einem Online-Shop etwas gekauft haben und ein paar Tage später oder gleich darauf eine E-Mail mit weiteren Produkten oder von anderen zusätzlich gekauften Produkten in Ihr Postfach flattert. Das ist Cross-Selling. Es kann aber beispielsweise auch bedeuten, dass Sie bei erfolgreich ausgefülltem Kontaktformular auf Ihrer Website auch gleich noch auf den eigenen Newsletter oder Blog verweisen.

Customer Journey
Bezeichnet den Weg, den der Kunde z.B. auf der Website geht, bis er sich für den Kauf eines Produktes (auch die Buchung einer Reise, etc.) entscheidet.

Display-Netzwerk
Das Google Display Network umfasst über eine Million Websites, Smartphone-Apps, Videos, Blogs und andere Online-Plattformen, in denen AdWords-Anzeigen geschaltet werden können. Google AdWords sucht dann anhand der verwendeten Keywords für Ihre Anzeigenschaltung passende Online-Plattformen aus. Sie können aber auch aus vordefinierten Themen und Interessen wählen oder die Seiten selbst definieren. Websitebetreiber können diese Anzeigen wiederum über das Google AdSense Programm beziehen und auf ihrer Website schalten. Möglich ist eine Schaltung von Textanzeigen und Banner-Anzeigen (Richtlinien für Banner-Anzeigen im Google Display Netzwerk: www.emagnetix.at/eh01)

Duplicate Content
Unter Duplicate Content versteht man das Vor-

handensein von gleichen Inhalten über mehrere Websites. Der gleiche Inhalt kann dann über mehrere URLs aufgerufen werden. Dies kann intern auf einer Website vorkommen (zum Beispiel durch Kopieren von Seiten) oder auch auf externen Seiten (jemand hat Ihren Text kopiert). Duplicate Content wird von Suchmaschinen negativ gewertet. Es soll daher immer auf einzigartige Inhalte geachtet werden.

Employer Branding
Die „Arbeitgebermarkenbildung" dient dem Zweck, ein Unternehmen als attraktiven Arbeitgeber in Erscheinung treten zu lassen. Damit kann sich das Unternehmen von anderen Arbeitgebern am Arbeitsmarkt abheben.

Follower
Personen, die einer Person oder Seite im Web folgen. Beispiel: Personen, die Ihrem Google+ Profil folgen und über Ihre Aktivitäten informiert werden.

Frequency-Capping
Das Frequency-Capping ist eine Einstellungsmöglichkeit, die festlegt, wie oft eine Anzeige demselben Nutzer in einem bestimmten Zeitraum im Display-Netzwerk angezeigt wird. Frequency-Capping kann auch verwendet werden, um ein AdBurnout zu vermeiden.

Impression
Darunter versteht man die Anzeige (Schaltung) eines Werbemittels (z.B. Banner, AdWords Anzeige) beispielsweise im Display-Netzwerk. Es ist dabei nicht relevant, ob darauf geklickt wird oder nicht.

IP-Adresse
Die IP-Adresse eines Computers ist mit einer Postanschrift vergleichbar. Die IP-Adresse wird Geräten in einem Computernetzwerk zugewiesen, um das Gerät für den Datenaustausch erreichbar/adressierbar zu machen.

Keyword Density
Andere Begrifflichkeiten sind Keyword-Dichte, Schlüsselwort-Dichte, Suchbegriff-Dichte. Beschreibt, wie oft ein Keyword (Suchwort) im Text vorkommt, in Relation zu der gesamten Anzahl an Wörtern/Wortkombinationen des gesamten Textes einer Seite der Website.

Keyword
Als Keyword wird der Suchbegriff bezeichnet, welcher von Internet-Usern in das Suchfeld der Suchmaschine eingegeben wird und mit Sie gefunden werden möchten. Ein Keyword kann sowohl ein einzelnes Wort als auch die Kombination aus mehreren Wörtern sein (vgl. Short Tail bzw. Long Tail Keywords).

Klickrate (CTR)
Die Click-Through-Rate (Klickrate) gibt Aufschluss darüber, wie erfolgreich Ihr Online-Werbemittel ist. Dabei werden die Anzahl der Klicks durch die Anzahl der Ausspielungen des Werbemittels (Werbemittelkontakt) geteilt. Wenn Ihre Google AdWords-Anzeige z.B. 1.000 Mal in den Suchergebnissen gezeigt wurde und 5 Nutzer haben darauf geklickt, dann haben Sie eine Click-Through-Rate von 0,5 Prozent. Je höher die Klickrate ist, desto erfolgreicher ist Ihr Werbemittel.

Knowledge Graph
Der Google Knowledge Graph soll Nutzern einen zusätzlichen Mehrwert bieten und es werden mit ihm, rechts neben der Liste mit Suchergebnissen, relevante Informationen zur gestellten Suchanfrage dargestellt, die besonders oft gesucht werden. Mit Hilfe dieser eigenen Anzeige können die gesuchten Informationen auf einen einzigen Blick erfasst werden und Nutzer brauchen im Idealfall keine weiteren Recherchen. Vielfach erhält der Nutzer so schneller das gewünschte Ergebnis. Die Informationen aus dem Knowledge Graph kommen aus Googles eigenen Datenbanken (Bildersuche) und aus anderen vertrauenswürdigen Quellen wie z.B. Wikipedia.
Wird z.b. nach „Heinz Fischer" gesucht, erscheint im Knowledge Graph eine Sammlung an Bildern (aus der Google Bildersuche), darunter einige Eckdaten zur Person aus Wikipedia. Abschließend werden zum Thema passende oder im Zusammenhang mit „Heinz Fischer" oft gesuchte Ergebnisse dargestellt. Diese weiteren Knowledge Graphen, z.B. von Werner Faymann oder Margit Fischer, sind mit jenem zu „Heinz Fischer" in irgendeiner Weise verknüpft.

Landingpage
Als Landingpage wird die Seite bezeichnet, auf die der Internet-User gelangt, wenn er auf ein Werbemittel (Banner, Anzeige, etc.) klickt. Das Ziel einer Landingpage ist es, den Kunden dazu zu bewegen, eine gewünschte Aktion auszuführen. Die Aktion

kann beispielsweise die Tätigung eines Kaufes sein, aber auch das Ausfüllen eines Formulars.

Lead

„Lead" bedeutete grundsätzlich „Datensatz". Im Zusammenhang mit Marketing ist ein Lead eine Person, die sich für ein Produkt oder Unternehmen interessiert und aus diesem Grund freiwillig seine Kontaktdaten für eine weitere Kontaktaufnahme hinterlässt. Diese Person ist ein qualifizierter Interessent und wird höchst wahrscheinlich zum Kunden.

Lead-Generierung

Hier geht es um Aktivitäten, die der Generierung von Leads (Kontakt- bzw. Adressdaten von qualifizierten Interessenten) dienen. Beispiel: Facebook-Gewinnspiel.

Linkpower

Die Bewertung einer Website hängt von der vorhandenen Linkpower ab. Diese berechnet sich aus der Stärke/Relevanz von eingehenden, externen Links. Die Linkpower wird über interne Links auf Subseiten weitergegeben – auf jede Seite wird dann etwas von der Power verteilt. Beispiel: Durch externe Verlinkungen verfügt die Startseite über eine Linkpower von 100. Von dieser wird auf 5 Subseiten verlinkt. Somit verfügt nun jede dieser Subseiten über eine Linkpower von 20.

Long Tail Keywords

Long Tail Keywords sind spezifischer und weniger allgemein als Short Tail Keywords. Mit ihnen kann die Zielgruppe oftmals besser erreicht werden. Normalerweise bestehen sie aus mindestens drei einzelnen Begriffen, wodurch das Suchvolumen geringer, aber auch der Wettbewerb geringer ist. Durch die spezielle Zielgruppenansprache ist die Conversion-Rate in der Regel höher als bei allgemeinen Keywords. Außerdem ist es oftmals einfacher, gute Rankings mit Long Tail Keywords zu erreichen. Beispiele: Online Marketing Agentur in Tirol, Last Minute Türkei Urlaub buchen, etc.

Manuelle Maßnahme

Google verwendet zur Beurteilung von Websites Algorithmen. Es kann aber auch vorkommen, dass Google manuelle Maßnahmen ergreift, um Spam-Websites in den Suchergebnissen abzuwerten (zum Beispiel beim schlagartigen Aufbau von unzähligen Links aus dem Ausland). Google informiert den Websitebetreiber in den Google Webmastertools über manuelle Maßnahmen.

Meta-Tag

Meta-Tags oder Metadaten befinden sich innerhalb des Head-Bereichs einer Website und sollen vor allem das Crawling einer Website vereinfachen. Insbesondere im Bereich der Optimierung spielen Meta-Tags eine wichtige Rolle, um z.B. Keywords zu hinterlegen (Meta-Description) oder Anweisungen an Suchrobotern zu übergeben (Meta-Robots).

Micro-Conversion

Siehe Conversion. Micro-Conversions helfen dabei, Beziehungen zu den Websitebesuchern aufzubauen. Beispiele: Newsletter-Anmeldung, Datei-Download, Produkt der Wunschliste hinzufügen.

Mobile Marketing

Sind alle Marketing-Maßnahmen in Bezug auf mobile Endgeräte (Smartphones, Tablets). Beispiel: Schaltung von Werbung auf Mobiltelefonen.

Negative SEO

Gezielte Maßnahmen, um die Sichtbarkeit und Rankings einer Website zu schwächen und negativ zu beeinflussen. Dies kann beispielsweise über das Setzen von zahlreichen, qualitativ minderen Links auf die zu schwächende Website erfolgen, um eine manuelle Maßnahme zu erzwingen.

Nofollow-Links

Die Ergänzung eines Link-Tags um das Attribut rel="nofollow" sagt Suchrobotern beim „Crawling" der Seite, dass sie diesem Link nicht folgen sollen.

Non-serife Schriften

Diese Schriftartenfamilie besitzen keine Serifen (feine Linie am Ende eines Buchstabenstrichs). Vorteile bieten die Non-serife Schriften vor allem in der Webtypografie. Auf Bildschirmen sind diese gut darstellbar und auch in kleinen Schriftgrößen noch gut lesbar. Ein Beispiel für Non-serife Schriften sind die Begriffsüberschriften des Glossars, der Fließtext ist in einer Serifen Schrift gesetzt.

Online Reputation

Unter Online Reputation versteht man den Ruf/das Ansehen eines Unternehmens, einer Person oder einer Marke im Internet.

Page Impression
Als Page Impression wird der Aufruf einer einzelnen Seite einer Website bezeichnet. Synonym wird der Begriff als „Seitenaufruf" oder „Page View" bezeichnet. Somit ist jede Betrachtung einer jeden Unterseite einer Website eine Page Impression.

Persona
Fiktive Person (samt genauer Beschreibung), die stellvertretend für die Zielgruppe steht. Diese Persona kann während des Prozesses der Erstellung oder Überarbeitung einer Website immer wieder als Beispiel bzw. zum besseren Hineinversetzen in die Zielgruppe herangezogen werden. Sie ermöglicht eine konkretere Vorstellung des Endbenutzers, als es eine doch relativ abstrakte Zielgruppe kann.

Property
Sind z.B. einzelne Seiten oder Versionen einer Website, für die man Daten sammeln möchte. Jede Seite ist dann eine Property, für die es einen individuellen Tracking-Code (der auf der Seite eingebaut wird, um Daten messen zu können) gibt.

Ranking/Rankings
Als Ranking bezeichnet man die Position, an der eine Website in den Suchergebnissen einer Suchmaschine gelistet wird. Diese Position ist von einer Vielzahl an Faktoren (Ranking Faktoren) abhängig, kann aber durch professionelle Suchmaschinenoptimierung beeinflusst werden.

Ranking Faktoren
Unter Ranking Faktoren versteht man jene Kriterien, die von Suchmaschinen zur Bewertung von Websites verwendet werden. Anhand dieser Kriterien wird die Rangfolge der Websites in den Suchergebnissen einer Suchmaschine bestimmt.

Reichweite
Ist der prozentuelle Anteil von Nutzern an den gesamten Internet-Nutzern z.B. eines Landes und Zeitraumes, die ein Werbemittel/eine Website in diesem Zeitraum einmal/mehrmals gesehen haben (davon erreicht wurden).

Remarketing
Am besten lässt sich dies an einem Bespiel veranschaulichen. Sie haben in einem Onlineshop einen bestimmten Schuh angesehen, vielleicht sogar in den Warenkorb gelegt. Jetzt bekommen Sie genau diesen Schuh auf anderen Websites wiederholt als gezielte Werbung angezeigt und werden damit erneut angesprochen. Remarketing funktioniert nur, wenn Sie über Cookies „markiert" werden können.

Rich Snippet
Unter Rich Snippet versteht man eine Art „Erweiterung" der Standard-Snippets mittels zusätzlichen Informationen, wie etwa Bewertungen, Bilder, Videos, Preise oder Links. Voraussetzung dafür ist, dass Google den Inhalt Ihrer Seite versteht. Rich Snippets stellen den Suchenden Zusatzinformationen dar, die ihnen bei der Entscheidung helfen sollen, ob ein Suchergebnis für sie relevant ist oder nicht.

Robots.txt
Mit Hilfe dieser Datei kann Crawlern und Bots von Suchmaschinen mitgeteilt werden, welche bestimmten Verzeichnisse, Ordner, Dateien etc. nicht indexiert werden sollen. Diese Textdatei muss im Hauptverzeichnis einer Website liegen (z.B. www.domain.at/robots.txt).

RSS Feed
RSS Feeds dienen dazu, Informationen schnell zu verteilen und sind vor allem im englischsprachigen Raum sehr beliebt. Die Informationen werden im RSS Format aufbereitet (basierend auf XML) und können abonniert über einen RSS Reader konsumiert werden. Die Inhalte einer Nachrichtenseite werden für den RSS Feed zum Beispiel ganz kurz zusammengefasst und mit einem Link zum vollständigen Artikel versehen.

Screenreader
Computerprogramme, die sehbeeinträchtigten Menschen z.B. die Inhalte einer Website vorlesen.

SEA (Search Engine Advertising)
siehe Suchmaschinenwerbung

SEM (Search Engine Marketing)
siehe Suchmaschinenmarketing

SEO (Search Engine Optimization)
siehe Suchmaschinenoptimierung

SERP
SERP ist eine englische Abkürzung für Search Engine Result Pages und somit eine kurze, geläufige Bezeichnung für die Ergebnisseiten einer Suchmaschine.

Short Tail (oder Short Head) Keywords
Short Tail Keywords sind allgemeine Begriffe mit meist hohem Suchvolumen und hohem Wettbewerb. Sie bestehen typischerweise aus einem bis maximal zwei Begriffen und weisen im Gegensatz zu Long Tail Keywords meist eine geringere Conversion-Rate auf. Aufgrund des höheren Suchvolumens bringen sie aber mehr Traffic auf die Website. Beispiele: Urlaub, Urlaub buchen, Auto, Handtasche, …

Sitemap
Eine Seite Ihrer Website, die einen Überblick über sämtliche Inhaltsseiten der Website bietet - sozusagen ein Inhaltsverzeichnis für Ihre Website.

Snippet
Ein Snippet ist Bestandteil der Suchergebnisseiten und stellt ein einzelnes Suchergebnis dar. Es besteht aus wenigen Textzeilen und soll dem Suchenden bereits eine Zusammenfassung der Zielseite liefern und ihm bei der Entscheidung helfen, ob das gefundene Ergebnis für ihn relevant ist oder nicht. Somit kann ein Snippet als „Schnipsel" der eigentlichen Website betrachtet werden. Es besteht in der Regel aus der Überschrift (Title-Tag), der Seitenbeschreibung (Meta-Description) und der URL der angezeigten Zielseite.

Social Bookmarks
Sind im Internet auf diversen Websites von Usern gesammelte Lesezeichen zu bestimmten Themen oder Interessensgebieten.

Social Media
Darunter versteht man sämtliche Onlineplattformen, die es den Nutzern ermöglichen, selbst im Internet aktiv zu werden, Content zu produzieren, sich auszutauschen uvm. Beispiele: Facebook, Twitter, Google+, Blogs, …

Social Media Marketing
Alle Werbemaßnahmen rund um soziale Netzwerke, wie Facebook, Twitter, XING, etc. Beispiele: Werbeanzeigen schalten, Fanpages, Firmenseiten, Beobachtung und Lenkung der Nutzermeinungen zum Unternehmen/Produkten.

Social Network
Web-Anwendungen, die es ermöglichen, dass sich Personen/Freunde miteinander vernetzen (ein Netzwerk bilden). Dabei können diese Personen eigene Profile anlegen und gestalten, sich zu gemeinsamen Themen austauschen, untereinander kommunizieren, Inhalte austauschen/zugänglich machen, sich informieren …

Social Plugins
Buttons oder Funktionen von Sozialen Media Plattformen, die Sie auf Ihrer Website einbinden können. Beispiel: Like-Button von Facebook.

Suchmaschinenmarketing
Überbegriff für Suchmaschinenoptimierung und Suchmaschinenwerbung.

Suchmaschinenoptimierung
Die Optimierung von Websites dahingehend, dass diese in den unbezahlten Suchmaschinenergebnissen möglichst weit vorne gelistet sind.

Suchmaschinenwerbung
Die Schaltung von bezahlten Textanzeigen in den Suchmaschinenergebnissen und Schaltung von Bannern im Google Display-Netzwerk. Sie zahlen als Unternehmen nur dann, wenn jemand auf Ihre Anzeige klickt.

Tausend-Kontakt-Preis (TKP)
siehe Cost per Mille

Title-Tag
Dieser Title-Tag, definiert im head-Bereich eines HTML-Dokumentes, soll den Inhalt einer Website ganz kurz wiedergeben. Er ist einer der wichtigsten Rankingfaktoren und wird bei allen Suchmaschinen in den Ergebnissen (Snippets) angezeigt. Zusätzlich wird der Title-Tag in der Titelzeile des Webbrowser-Fensters angezeigt bzw. in den geöffneten Tabs.

Traffic
Anzahl an Internet-Nutzern, die eine Website besuchen. Ziel ist es immer, den Traffic zu steigern und mehr Besucher auf die eigene Website zu holen. Zugleich soll auch die Qualität der Nutzer ständig erhöht werden.

Transkript
Schriftliche Version von gesprochenen Texten (Audioinhalten). Beispiel: Gesprochener Text in YouTube-Videos. Suchmaschinen können darüber den Inhalt des Videos erfassen.

Trust Elemente

Elemente auf einer Website, die Vertrauen schaffen. Beispiele: Gütesiegel, Auszeichnungen, Referenzen

Unique Content

Einzigartige Inhalte im Web. Diese sind so auf keiner anderen Website in exakt gleicher Weise zu finden.

Universal Search

Erweitert die normalen Suchergebnisse bei Google um News, Bilder, Videos, Google+ Inhalte, Blogbeiträge, Google Shopping Angebote, ...

URL

Steht für Uniform Resource Locator. Dabei handelt es sich um eindeutige Adressen für eine Ressource, beispielsweise in Form einer Website im Internet. Beispiel: www.emagnetix.at/geschichte.html (Ressource = Seite zur Geschichte von eMagnetix).

Widget

Widgets sind grafische Elemente und Bestandteile einer Benutzeroberfläche, die eine Steuerung, Interaktion oder die Darstellung zusätzlicher Inhalte ermöglichen. Der Begriff „Widget" an sich setzt sich zusammen aus dem englischen „Window" und „Gadget". Widgets können beispielsweise dazu dienen, Informationen personalisiert darzustellen und gewisse Elemente frei zu platzieren und zu verändern. Zum Beispiel: Erstellung eines eigenen personalisierten Dashboards in Google Analytics mit Formaten (Werte, Diagramme, Tabellen, ...) und Inhalten (Anzahl an Sitzungen, Anzahl an Zielabschlüssen, ...) nach Wahl.

XML-Sitemap

Eine XML-Sitemap ist eine Liste der einzelnen Seiten Ihrer Website, die als XML Datei nach entsprechenden Vorgaben aufbereitet wird. Die XML-Sitemap kann zum Beispiel bei Google über die Webmastertools eingereicht werden und erleichtert Google so die Indexierung Ihrer Website. Durch den Einsatz der XML-Sitemap findet der Webcrawler Seiten, die sonst eventuell nicht entdeckt worden wären.

Unser Glossar finden Sie auch online unter:

www.emagnetix.at/glossar

Mit diesem QR-Code kommen Sie noch schneller ans Ziel!

Sollten Sie noch keinen QR-Code Reader haben, laden Sie einen im Google Play Store oder im App Store herunter.

Einleitung „Was ist Online Marketing?“

Online Marketing wird auch als „Internet Marketing“ oder „Web Marketing“ bezeichnet und bildet einen Teilbereich des gesamten Marketings eines Unternehmens. Die grundsätzlichen Ziele des Online Marketings sind

- die Markenbildung (Branding),
- die Vermarktung von Produkten/Dienstleistungen (Gewinn- & Umsatzsteigerung) und
- die Kundenbindung über das Internet.

Die Bezeichnung Online Marketing ist der Überbegriff aller Maßnahmen, die gesetzt werden, um im Internet Werbung (Marketing) zu machen. Die wichtigsten Kanäle des Online Marketings sind hier aufgelistet und werden großteils in den nachfolgenden Kapiteln behandelt:

- Suchmaschinenmarketing
- Suchmaschinenoptimierung
- Suchmaschinenwerbung (Google AdWords)
- Banner-Marketing (Werbeanzeigen (Banner) auf anderen Websites)
- E-Mail-Marketing (z.B. Newsletter)
- Video-Marketing (z.B. YouTube)
- Social-Media-Marketing (z.B. Facebook Werbung)
- Mobile Marketing (z.B. Werbeanzeigen auf mobilen Endgeräten)

Die einzelnen Kanäle greifen oft ineinander und bilden fließende Übergänge. Beispielsweise verschmelzen Suchmaschinenwerbung und Mobile Marketing bei mobilen Kampagnen.

Ein weit verbreiteter Irrglaube ist, dass man über die simple Bewerbung der Webadresse auf Foldern, Visitenkarten, Auto-Werbung, Radio, TV, Kataloge usw. potentielle Kunden dazu bringt, die Website zu besuchen. Leider funktioniert das nur in sehr seltenen Fällen. Man muss die Kunden 24 Stunden am Tag und 7 Tage die Woche aktiv dort erreichen, wo sie nach einem suchen und wo sie sich aufhalten – im Internet.

Online Marketing ist günstiger als herkömmliches Offline Marketing

Verwendet man im Offline Marketing € 10.000 für eine Werbeanzeige in einem Magazin oder einer Zeitung, kann man im Online Marketing für diesen Betrag viel mehr Kanäle nutzen und ungleich mehr potentielle Kunden erreichen. Vieles ist im Online Marketing sogar kostenlos. Man muss nur den „Online-Autopiloten“ einmal richtig konfigurieren und wissen, an welchen Schrauben man drehen muss. Hier das Beispiel eines einfachen Online Marketing Kreislaufes:

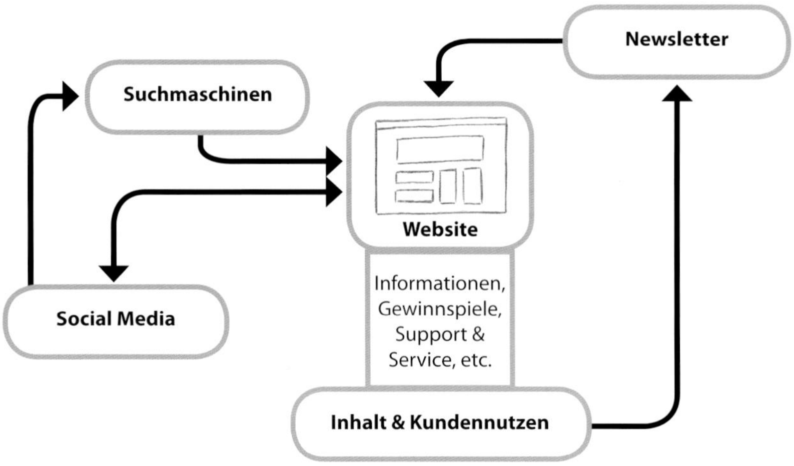

Website: Der zentrale Punkt des Online Marketings ist immer die Website. Sie ist der aktive Verkäufer. Dieser Verkäufer ist 24 Stunden und 7 Tage in der Woche für alle potentiellen Kunden erreichbar und soll optimal

„geschult“ (Optimierung) und „ordentlich angezogen“ (Design) sein. Die Website soll den potentiellen Kunden perfekt informieren und ihm darüber hinaus zusätzlichen Kundennutzen bieten. Die richtigen Inhalte sollen Interessenten überzeugen und Suchmaschinen „füttern“.

Newsletter: Auf der Website selbst und über andere Kanäle (offline, ...) werden Newsletter-Abonnenten generiert. Bei jedem Newsletter-Versand werden wiederum Besucher auf die Website gebracht.

Suchmaschinen: Potentielle Kunden werden über eine Suchmaschine auf die Website aufmerksam gemacht. Verwenden Personen eine Suchmaschine, haben sie einen Bedarf (z.B. sich informieren, etwas kaufen oder Urlaub buchen). Kann dieser Bedarf über die Website gedeckt werden, hat man einen potentiellen Kunden gewonnen. Über die eigene Website können wiederum Newsletter-Abonnenten generiert werden.

Social Media Kanäle (Facebook, YouTube, ...): Über Social Media Kanäle können die Interessenten an das Unternehmen gebunden und zusätzlich neue dazu gewonnen werden. Zudem hat die aktive Verwendung von Social Media Kanälen einen positiven Einfluss auf die Position in den Suchmaschinenergebnissen.

Natürlich gibt es noch viele weitere Möglichkeiten, um Besucher auf Ihre Website zu bringen. Die wichtigsten Möglichkeiten werden wir Ihnen in diesem Buch vorstellen. Hier ein Überblick über die wichtigesten Maßnahmen:

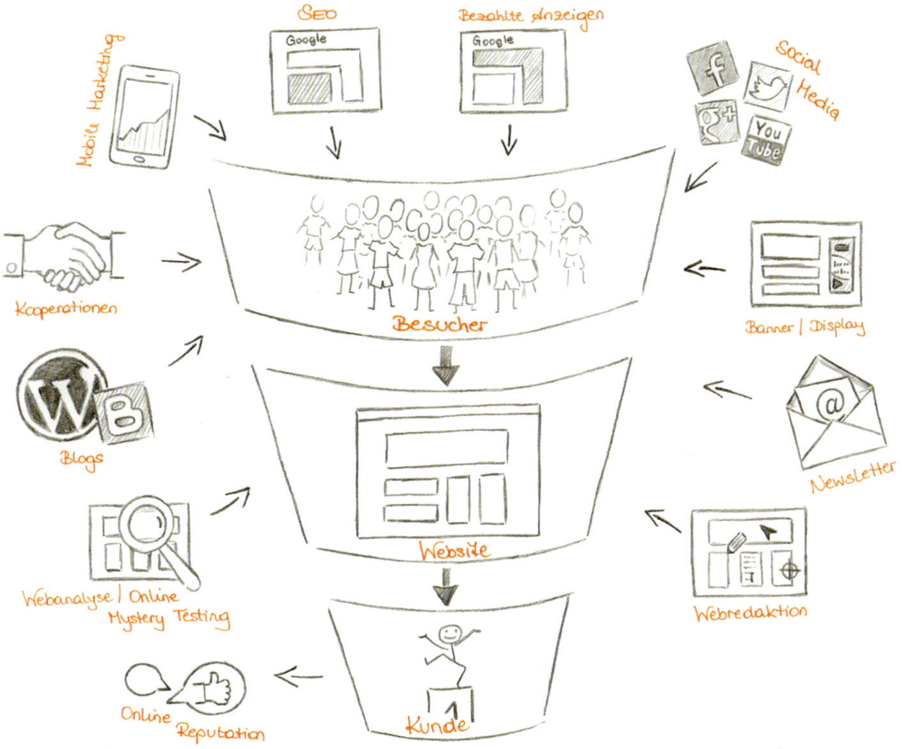

Vorteile im Online Marketing

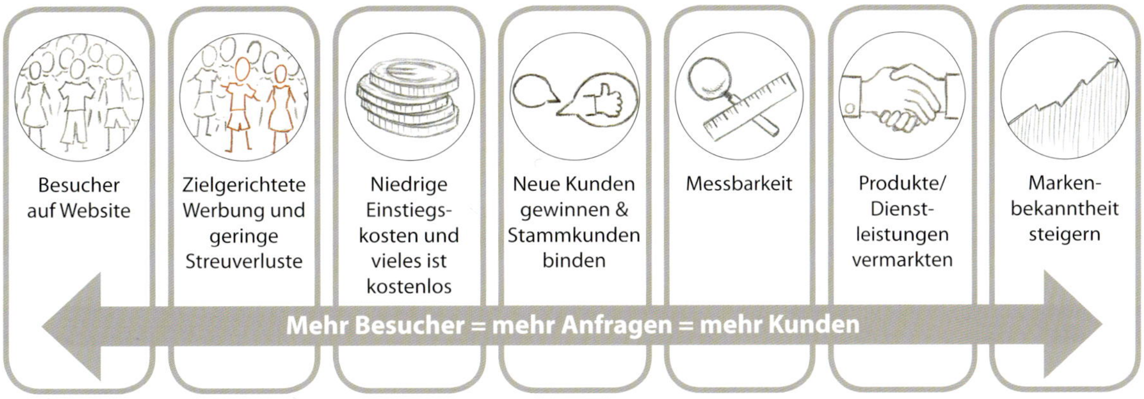

Wir unterscheiden zwischen zwei Ansätzen:

1. Bedarfsdeckung: In diesem Fall weiß jemand bereits, was er möchte. Es muss also nur noch die Website gefunden werden, wenn über eine Suchmaschine nach dem Produkt gesucht wird. Danach gilt es, mit der Website und dem Angebot zu überzeugen.

Beispiel: Jemand möchte einen Urlaub in Tirol verbringen und sucht in einer Suchmaschine nach „Urlaub in Tirol". Es wird die Website von einem Hotel in Tirol angezeigt. Dieses Suchergebnis wird vom User ausgewählt und angeklickt. Jetzt müssen die Website und das Angebot soweit überzeugen, dass der User das Angebot auch bucht.

2. Bedarfsweckung: In diesem Fall „unterbricht" man den Internetnutzer, z.B. mit Bannern auf themenrelevanten Seiten, beim Surfen/Lesen auf diversen Websites, um auf sein eigenes Angebot aufmerksam zu machen. Dies ist vergleichbar mit Inseraten in Zeitungen oder Magazinen.

Beispiel: Der Internetnutzer informiert sich über Wanderwege in Oberösterreich. Auf der Seite zu den Wanderwegen wird mittels Anzeige ein Hotelangebot für den Wanderurlaub in Oberösterreich beworben.

Wenn Sie von Online Marketing nur „Bahnhof" verstehen, sich aber der Wichtigkeit dieser Maßnahmen bewusst sind, ermöglichen Ihnen die Inhalte in diesem Buch den perfekten Einstieg für einen schwungvollen Start. **Bringen Sie jetzt Ihr Online Marketing ins Rollen!**

Einleitung „Was ist Suchmaschinenmarketing (SEM)"

Was ist Suchmaschinenmarketing?

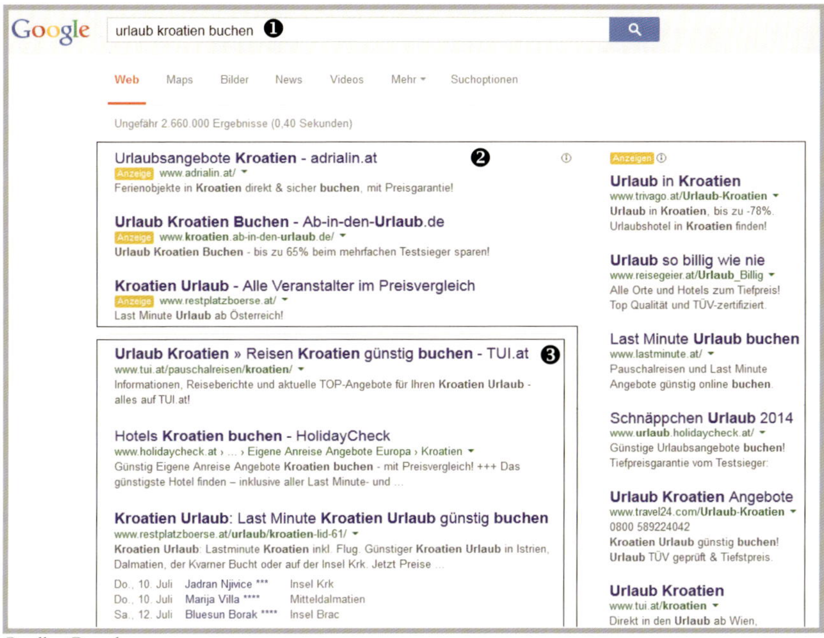

Ergebnis einer Google-Suche = Suchergebnis-Seite (SERP)

❶ Suchanfrage
❷ Bezahlte Anzeigen
❸ Organische bzw. unbezahlte Ergebnisse

Quelle: Google

Suchmaschinenmarketing ist ein sehr effektiver Kanal des Online Marketings, um Neukunden zu generieren, da das Interesse der Nutzer durch die Suchanfrage bereits vorgegeben wird und man die potentiellen Kunden direkt bei Ihren Bedürfnissen abholen kann. Somit ist Suchmaschinenmarketing einer der wichtigsten Kanäle des Online Marketings.

Durch die Verwendung von Suchmaschinenmarketing haben Sie geringe Streuverluste, da über getätigte Suchanfragen klar definierte Interessen für bestimmte Produkte und Dienstleistungen vorgegeben werden, die Sie mit Ihrem Unternehmen abdecken.

Die Erfolge des Suchmaschinenmarketings können gut über Tools, wie Google Analytics (siehe Seite 29), gemessen werden. Google Analytics bietet die Möglichkeit der Beobachtung des Nutzerverhaltens und weiterer Kennzahlen wie Kosten-Nutzen-Rechnungen bei Online Shops zur exakten Bestimmung des ROI (Return on Investment).

Im Suchmaschinenmarketing unterscheidet man zwei Bereiche

- Bezahlte Ergebnisse (Suchmaschinenwerbung über z.B. Google AdWords, Bing Ads, etc.)
- Unbezahlte, sogenannte organische Ergebnisse (Suchmaschinenoptimierung)

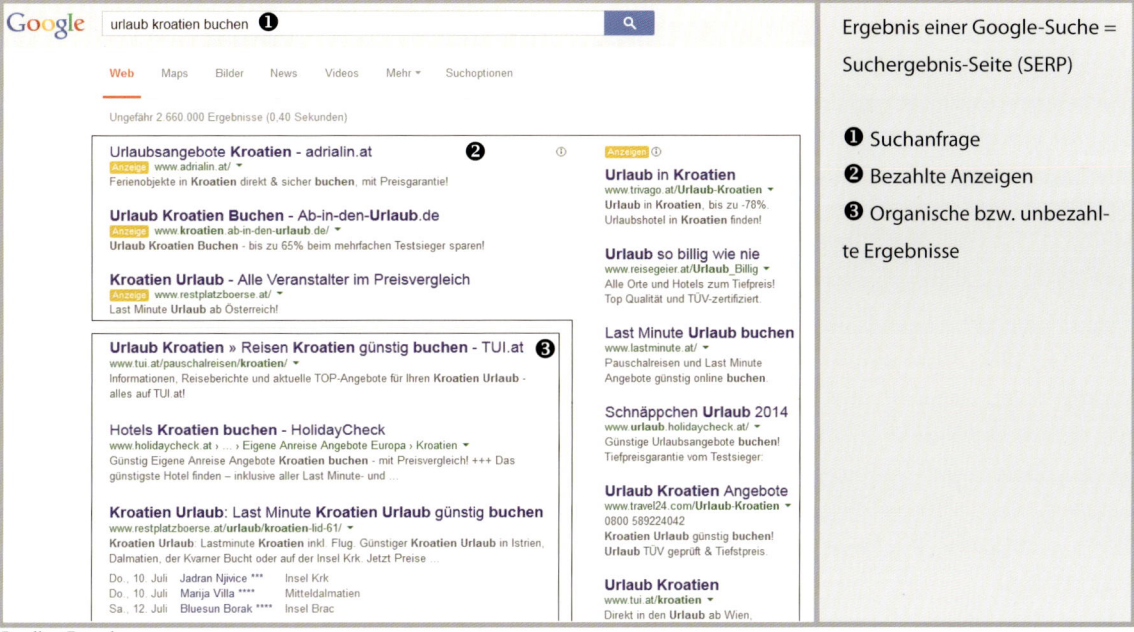

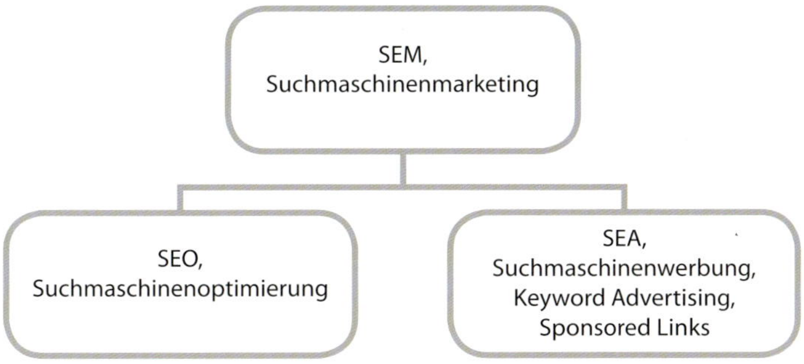

Suchmaschinenmarketing als Dachbegriff für SEO und SEA

Wie funktionieren Suchmaschinen?

Durch sogenannte Crawler (oder Spider, Robots, Suchroboter) wird ständig und systematisch das gesamte Internet durchsucht. Zum Beispiel, indem allen Links auf einer Website gefolgt wird und die jeweiligen Zielseiten in den Google-Index aufgenommen werden. Dabei werden neue oder veränderte Informationen von Websites, wie Texte, HTML-Elemente, Bilder etc. erfasst und abgespeichert.

Die gesammelten Daten werden aufbereitet und mit Zusatzinformationen, wie Stichwörtern und Quellenangaben, versehen und so aufbereitet, dass ein Index aller Websites erstellt werden kann. Ein Index ist vergleichbar mit einem virtuellen Verzeichnis, bestehend aus unzähligen Begriffen und Verweisen auf die erfassten Websites.

Bei jeder getätigten Suchanfrage durch Nutzer wird der erstellte Index der Suchmaschine nach passenden Inhalten durchsucht. Zwischen 16 und 20 Prozent aller täglichen Suchanfragen an Google wurden in dieser Art und Weise noch nie in den Suchschlitz bei Google eingegeben (verwendete Begriffe, Wortkombinationen).
Ziel der Suchmaschinen ist es, auch für diese noch nie gestellten Anfragen, passende und vor allem relevante Ergebnisse zu liefern.
Die Ergebnisse werden abschließend, nach Relevanz sortiert, dem Nutzer angezeigt.

Die 3 wichtigsten Suchmaschinen in Deutschland (Stand: Juni 2014)

1. **Google**
   - Marktführer
   - Marktanteil 95 %
2. **Bing**
   - Existiert seit 2009
   - Ist in Facebook integriert
   - Kooperation mit Yahoo!
   - Marktanteil 1,8 %
3. **Yahoo!**
   - Wurde 1995 gegründet
   - Ging als Linkliste online
   - Marktanteil 1,5 %

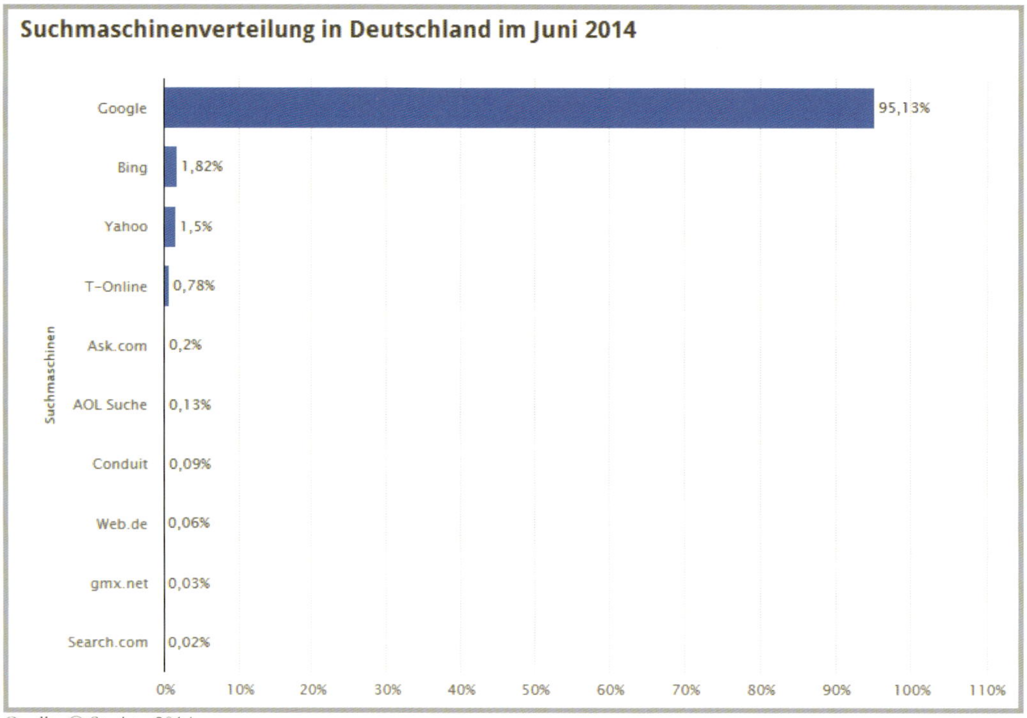

Quelle: © Statista 2014

Diese Verteilung zeigt, dass Google die für den deutschsprachigen Raum wichtigste Suchmaschine ist. Über andere Suchmaschinen kann nur eine geringere Reichweite erzielt werden. Maßnahmen und Kampagnen sollten daher für Google ausgelegt werden.

Informationen zu Google, dem Marktführer

- Google ist die bekannteste und meistgenutzte Suchmaschine in unseren Breiten.
- Die Suchmaschine existiert seit 1998 (gegründet von Sergey Brin und Larry Page).
- Der Name basiert auf einem Wortspiel mit „googol" (= Zahl für 1 und hundert Nullen = 10^{100}).
- Die schlichte Oberfläche wurde seit Beginn nur geringfügig geändert.
- Die kontextbasierte Werbung (Werbeform mit starkem Bezug zum Inhalt der Suchanfrage bzw. zum Inhalt der Seite, auf der die Werbung platziert wird) wurde im Jahr 2000 eingeführt (Google AdWords).
- 2014 sind rund 50 Mrd. Websites indexiert.

8 Vorteile des Suchmaschinenmarketings

- Werbung, wo und wann der Kunde sie benötigt (Verbesserte Ansprache potentieller Kunden)
- Reduktion von Streuverlusten durch zielgruppenorientierte Ansprache
- Gute Messbarkeit durch verschiedene Tools
- Möglichkeit der Eingrenzung der Reichweite (regional, national, international)
- Schnelle Reaktionsmöglichkeit auf Trends
- Optimale Branding-Effekte und Möglichkeit zur „Omnipräsenz" (immer und überall präsent)
- Optimale Steuerung der finanziellen Mittel
- Überbrückung von wirtschaftlich schwierigen Phasen (z.B. saisonal bedingt)

Keywords

Was ist das?

Keywords sind **Begriffe und Begriffskombinationen**, die der User verwendet um Informationen, ein Produkt oder eine Dienstleistung über Suchmaschinen zu finden. Diese Keywords bilden die Basis für OnPage- (S. 34) und OffPage-Optimierungen (S. 41) sowie für Google AdWords-Kampagnen (S. 55).

Da die Zielgruppe oft mit anderen Worten nach Produkten oder Dienstleistungen sucht, als die Unternehmen selbst, müssen die Keywords der **Sprachwelt der Zielgruppe entsprechend** recherchiert werden. Durch die Verwendung dieser Wörter werden die Besucherzahlen der Website, die Position in den Suchmaschinenergebnissen und auch die Klickrate positiv beeinflusst. Die gewählten Keywords stehen stellvertretend für das Unternehmen, das Produkt oder die Dienstleistung und müssen **passend zum Inhalt der Website** ausgewählt werden.

Beispiel: Jemand sucht nach „Wellnessurlaub Oberösterreich“. Auf der Seite, auf die der Besucher über dieses Keyword gelangt, müssen tatsächlich Informationen zu diesem Thema gefunden werden. Ansonsten werden die Erwartungen des Besuchers nicht erfüllt, er verlässt die Seite umgehend wieder und klickt sich zur Konkurrenz weiter.

Suchmaschinenoptimierung: Langfristiges Ziel durch den Einsatz von Keywords bei der Suchmaschinenoptimierung ist es, die Rankings dieser zu verbessern, um so Top-Positionen in den Suchergebnissen zu erzielen. Je besser die Positionen sind, desto mehr Besucher können erreicht werden. Beispiel: Liegt das Suchergebnis auf Seite 3, werden im Normalfall weniger Besucher damit erreicht, als bei einer Platzierung auf der ersten Seite (Details im Kapitel „Suchmaschinenoptimierung OnPage“ auf Seite 34).

Suchmaschinenwerbung: Durch den gezielten Einsatz von Keywords bei Google AdWords Kampagnen, werden Platzierungen auf der Suchergebnisseite von Google „gekauft“. Eine Schaltung ist hier sehr kurzfristig möglich. Je spezifischer und genauer die Keywords ausgewählt werden und mit den richtigen Einstellungen bei Google AdWords versehen werden, desto mehr Besucher können erreicht werden (Mehr dazu unter „Google AdWords“ auf Seite 55).

Es wird zwischen folgenden Arten von Keywords unterschieden:

- **Navigational Keywords**: Der Suchende hat die Absicht eine bestimmte Website zu finden. Beispieleingabe in der Suchmaske: Facebook, www.facebook.com
- **Informational Keywords**: Der Suchende verwendet sehr allgemeine Begriffe und sucht rein nach Informationen oder möchte Antworten zu seinen Fragen finden (nicht kaufen, buchen, anfragen, etc.). Beispieleingabe in der Suchmaske: Oberösterreich, Blumen umtopfen, Sehenswürdigkeiten Wien, etc.
- **Transactional Keywords**: Der Suchende hat bereits ein konkretes Kaufinteresse, er verwendet immer eine Verbindung aus mehreren Wörtern (z.B. Produktname/-kategorie + kaufen/anfragen ...). Beispieleingabe in der Suchmaske: Kürbiskernöl kaufen, Urlaub in Salzburg buchen, etc.

Was bringt mir das? 1/2

Informationen werden im Internet durch Maschinen verarbeitet, speziell auch bei Suchmaschinen wie Google (durch Crawler, Spider, Robots, ...). Diese können nur lesen, was auch wo geschrieben oder hinterlegt wird. Durch Keywords in Texten oder in den Meta-Tags bieten Sie diesen Maschinen Inhalte, die gelesen werden können und im Idealfall werden diese auch für Sortierungen bzw. Kategorisierungen verwendet.

Was bringt mir das? 2/2

Der Einsatz relevanter Keywords im Bereich Online Marketing (OnPage, OffPage Optimierung, Suchmaschinenwerbung, ...) **führt im Optimalfall zu mehr Seitenzugriffen** und mehr Besuchern. Wenn die Besucher auch tatsächlich finden, wonach sie suchen, also der Suchbegriff mit dem Seiteninhalt zusammenpasst, dann kann dies auch die Absprungrate und die Besuchsdauer positiv beeinflussen.

Recherchierte Keywords können als **Basis für die Suchmaschinenoptimierung**, für Suchmaschinenwerbung über Google AdWords (S. 55), für Facebook-Werbung (S. 95), für Online Reputation Management (S. 113), in Presseberichten oder anderen online Publikationen (die im Zusammenhang mit dem Unternehmen stehen) und auch für die Optimierung von YouTube Videos (S. 108) verwendet werden. **Investieren Sie einmal wertvolle Zeit und profitieren Sie mehrfach davon.**

Sie können Ihr Unternehmen für ausgewählte Keywords in den Suchmaschinen sehr weit vorne platzieren und Ihre Bekanntheit steigern. Dies erfordert jedoch neben der Auswahl der Keywords, noch viele weitere Maßnahmen, die im Kapitel „Suchmaschinenoptimierung OnPage" auf Seite 34 beschrieben werden.
Beispiel: Wenn jemand nach einem „Gewächshaus Hersteller" sucht, dann könnten Sie mit Ihrem Unternehmen **in den Suchmaschinen vorne gelistet werden** und sich dadurch **in das Radar des Suchenden** bewegen.

Keywords sind Wegweiser, über die die Besucher auf Ihre Website kommen und auf Ihr Produkt/Ihre Dienstleistung aufmerksam werden. Zusätzlich dienen sie als Bestätigung für die Nutzer, dass sie das gefunden haben, wonach sie gesucht haben.

In 4 Schritten zu Keywords (Suchmaschinenoptimierung und -werbung)

1. Brainstorming & Recherche

- Bevor Sie starten, legen Sie fest, wie Sie die Keywordrecherche strukturieren und wo die Keywords gesammelt werden. Wir empfehlen ein Excel-Dokument, da dort die Keywordideen einfach gesammelt, sortiert und gruppiert werden können.
- Überlegen Sie sich, welche Bereiche des Unternehmens (Produkte, Dienstleistungen,...) Sie bewerben möchten.
- Machen Sie sich Gedanken, welche Keywords das Unternehmen, das Produkt oder die Dienstleistungen am besten beschreiben. Überlegen Sie wonach die Zielgruppe sucht (Marke, Produkte, Dienstleistungen) und warum (Ziele, Motivation, Bedürfnisse). Versetzen Sie sich in die Nutzer hinein und nutzen Sie die Sprachwelt der Zielgruppe.
- Analysieren und berücksichtigen Sie die eigene Website. Die Suchbegriffe müssen den Inhalt der Seite wiedergeben.
- Beachten Sie Ihre Mitbewerber. Welche Inhalte haben diese auf der Website? Werden wichtige Begriffe, wie z.B. Produkte, explizit hervorgehoben? Welche Title-Tags verwenden sie? Welche Keywords/Anzeigentexte verwenden sie bei Google AdWords?
- Analysieren Sie andere Kanäle (Wikipedia, Amazon, eBay, ...).
- Fragen Sie Kunden, Partner und Mitarbeiter nach Keywords, um zu erfahren, wie diese nach den Produkten, Dienstleistungen oder Informationen suchen würden.
- Analysieren Sie die verschiedenen Zugriffsquellen (organisch und bezahlt) in Google Analytics (wenn bereits vorhanden, siehe S. 29) oder externen Analyse-Tools wie z.B. XOVI (www.xovi.de).
- Eruieren Sie Suchbegriffe aus den Google Webmaster Tools (siehe S. 37) unter „Suchanfragen" > „Suchanfragen".
- **Für Suchmaschinenoptimierung gilt:** Recherchieren Sie zwei bis drei passende Suchbegriffe pro Seite Ihrer Website.

- **Für Suchmaschinenwerbung gilt:** Für AdWords Kampagnen empfiehlt es sich, die Begriffe nach wichtigen Themengebieten und Angeboten zu gliedern. Nutzen Sie hier die Möglichkeit viele relevante Begriffe zu verwenden und nehmen Sie auch mögliche Kombinationen der Begriffe in Ihre Liste auf.

2. Erweiterung

Erweitern Sie die recherchierten Keywords nach folgenden Kriterien, um gegebenenfalls weitere wichtige Begriffe mit hohem Suchvolumen oder großer Relevanz für das Unternehmen zu finden:

- Einzahl- und Mehrzahlbegriffe
- Ein-Wort oder Mehr-Wort Suchanfragen
- Synonyme und andere Schreibweisen
- Umlaute und Falschschreibweisen (nur für Google AdWords!)
  Beispiel: Österreich → Oesterreich
- Kombinationen der Begriffe und Erweiterungen in den Long Tail
  (z.B. „Rote Lederhandtasche kaufen", „Hotel Tirol buchen", „Privatjet mieten", ...)
  Diese Erweiterungen sind wichtig, um alle möglichen Begriffskombinationen zu erfassen und eine vollständige Liste mit möglichen Keywords zu erhalten, um dann eine konkrete Auswahl der Keywords vornehmen zu können.

3. Bewertung

Nun haben Sie eine Liste an möglichen Keywords und Sie können diese im nächsten Schritt bewerten und eine Auswahl treffen. Folgende Kriterien sollen dafür herangezogen werden:

- Wird nach diesen Keywords gesucht? Verwenden Sie Tools wie Google Keyword Planer, Google Suggest, Google AdWords (zur Analyse eventuell bestehender Kampagnen), ...
- Sind die gefundenen Keywords beispielsweise saisonal bedingt oder gibt es auch saisonunabhängige Varianten? Google Trends bietet eine Möglichkeit, um zwischen zwei oder mehr Keywords zu entscheiden (www.google.at/trends).
- Sind Top Begriffe (allgemeine Begriffe mit sehr großem Suchvolumen, wie zB „Wellnesshotel", „Familienurlaub", ...) dabei?
- Passen die Keywords zum Unternehmen und den Inhalten der Landingpage (Seite, auf die ich über das Keyword gelange)?
- Was bringen die aktuellen Suchergebnisse zu diesem Begriff? Ist dieser wirklich passend für mein Produkt/meine Dienstleistung?

4. Gewichtung

- Welche Produkte/Dienstleistungen sind besonders wichtig für das Unternehmen? Wird danach gesucht?
- Welche Produkte/Dienstleistungen bringen den meisten Umsatz/Deckungsbeitrag?
- **Für Suchmaschinenoptimierung gilt:**
  - Wählen Sie die wichtigsten Begriffe, gereiht nach Suchvolumen, pro Seite aus.
  - Verteilen Sie jene Keywords, mit dem höheren Suchvolumen, auf hierarchisch höhere Seiten-Ebenen (Hierarchie: Startseite → Hauptmenüseiten → Subseiten → Subsubseiten → ...) Die stärksten Begriffe werden auf der Startseite und den Hauptnavigationspunkten platziert, müssen aber zum Inhalt der Seite passen!
  - Qualität vor Quantität! Beachten Sie die maximale Länge des Title-Tags und achten Sie darauf, dass die Keywords auch im Text der jeweiligen Seiten vorkommen (siehe „Suchmaschinenoptimierung OnPage" Seite 34).
- **Für Suchmaschinenwerbung gilt:**
  - Gliedern Sie die Keywords thematisch und priorisieren Sie die einzelnen Themen. Diese dienen als Ausgangspunkt für die Erstellung der Kampagnen und Anzeigengruppen (siehe S. 56).
  - Im Gegensatz zur bspw. OnPage Optimierung sind Ihnen in Bezug auf die Anzahl an Keywords bei AdWords Kampagnen nahezu keine Grenzen gesetzt. Hier zählt die Menge an Suchbegriffen, mit denen Sie gefunden werden möchten.

- Auch falsche Schreibweisen, Synonyme & Co sollen in die Liste aufgenommen werden, um möglichst viele Suchanfragen abzudecken, die der Nutzer eingeben könnte.
- Weiters sollen bei Google AdWords auch Keywords verwendet werden, die nur ein geringes Suchvolumen aufweisen. Wenn diese dann gesucht werden, sind Sie in den Suchergebnissen dabei.

Kostenlose Tools für die Keywordrecherche

- **Google Analytics** – www.google.com/analytics
  - Google Analytics Konto muss vorhanden und mit Ihrer Website verknüpft sein (siehe „Google Analytics“ Seite 29).
  - Google Analytics gibt einen ungefähren Einblick darüber, über welche Keywords die Besucher hauptsächlich auf die Seite kamen und bewertet, welche aktuellen Keywords zu einer langen Besuchsdauer oder einer hohen Absprungrate führen. Derzeit werden bis zu 80 % der organischen Keywords nicht mehr direkt angezeigt, sondern gesammelt als „not provided“ dargestellt. Exakte Zugriffszahlen zu Keywords können beispielsweise aus Google AdWords (S. 55) abgeleitet werden, wenn bereits Google AdWords Kampagnen vorhanden sind und Google AdWords mit Google Analytics verknüpft war.

- **Google Suggest** – www.google.at
  - Das sind die vorgeschlagenen Suchanfragen, sobald die Eingabe in das Suchfeld erfolgt.
  - Die Vorschläge haben das jeweils höchste Suchvolumen im definierten Bereich.
  - Es handelt sich um zumeist viel gesuchte Suchbegriffe.
  - Bei Eingabe eines Begriffs in das Suchfeld, werden unter den Suchergebnissen noch verwandte Suchanfragen zu Ihrem eingegebenen Begriff angezeigt.
  - Es ist keine Registrierung erforderlich.

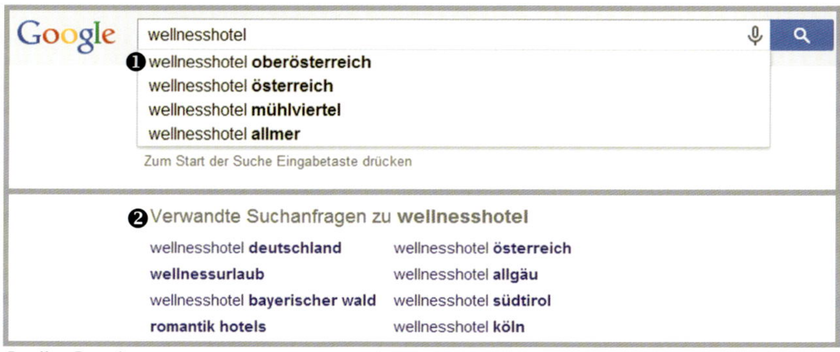

❶ Google Suggest
❷ verwandte Suchanfragen (unter den Suchergebnissen)

Quelle: Google

- **Google Trends** – www.google.at/trends
  - Lässt Vergleiche von Keywords zu.
  - Zeigt Suchvolumen im Trend bzw. Entwicklung auf zeitlicher Ebene (saisonale Unterschiede).
  - Es ist keine Registrierung erforderlich.

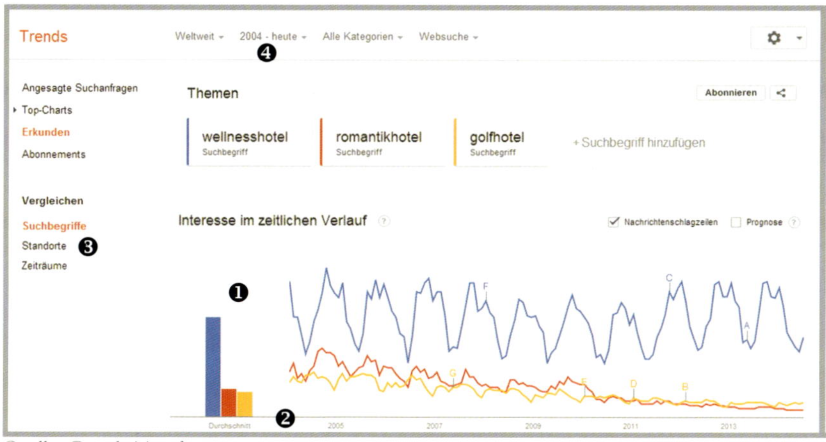

❶ direkter Vergleich
❷ zeitliche Ebene
❸ Vergleich nach Standorten
❹ Zeitraum festlegen

Quelle: Google Trends

- **Google Keyword Planer** – adwords.google.at/KeywordPlanner
  - Ein Google AdWords Konto ist erforderlich.
  - Gibt Aufschluss über Suchvolumina bereits gesammelter Keywords (Vergleich zwischen Keywords).
  - Liefert Ideen für verwandte oder ähnliche Suchbegriffe.
  - Genaue Eingrenzung auf Sprache und Länder ist möglich.

- **Google Webmaster Tools** – www.google.com/webmasters
  - Verknüpfung mit der Website ist erforderlich.
  - Zeigt die Suchbegriffe, durch die die Besucher auf die Website gekommen sind.

- **Übersuggest** – www.ubersuggest.org
  - Basierend auf Google Suggest liefert das Tool ähnliche Keywords mit Suchvolumen.
  - Ausgegeben werden alle Vorschläge, die auch Google Suggest liefert.
  - Vorteil: Anstelle von mehrfachen Eingaben und Überprüfungen mittels Google Suggest, wird gleich eine ganze Reihe an möglichen Keywords ausgegeben. Man bekommt einen Überblick und ein Gefühl dafür, was gesucht wird und was Google für relevant hält.
  - Es ist keine Registrierung erforderlich.

- **Semager** – www.semager.de
  - Dient ebenfalls der Erweiterung von Keywordlisten.
  - Schlägt relevante Begriffe zur Eingabe vor.
  - Es ist keine Registrierung erforderlich.

- **OpenThesaurus** – www.openthesaurus.de
  - Liefert Vorschläge für Synonyme von Keywords.
  - Es ist keine Registrierung erforderlich.

- **Umfangreiche kostenpflichtige Tools** siehe Kapitel „Tools“ auf Seite 128.

- **Google AdWords** – adwords.google.at
  - Gibt Aufschluss darüber, welche Keywords am meisten geklickt werden.
  - Registrierung, AdWords Konto und nicht zuletzt auch laufende Kampagnen sind erforderlich.

Erfolgskontrolle 1/2

Suchmaschinenoptimierung

- **Geben Sie ausgewählte Keywords in die Google-Suche ein** und prüfen Sie, ob die eigene Website in den Suchergebnissen erscheint bzw. an welcher Position sie angezeigt wird. WICHTIG: Löschen Sie davor die Cookies und stellen Sie sicher, dass Sie nicht über Ihr Google Konto angemeldet sind. Das kann das Ergebnis verfälschen. Ebenso können Region, Standort oder IP-Adresse des Nutzers die Ergebnisse leicht verfälschen.
- **Prüfen Sie ob die Suchzugriffe auf der Website über die Keywords steigen.**
  Dieser Prozess kann einige Zeit dauern. Es dauert etwas bis Google die Änderungen übernimmt und die optimierten Inhalte ihre positiven Effekte zeigen. Haben Sie dafür etwas Geduld. Schnelle Erfolge kann man nur über Google AdWords erzeugen. OnPage- und OffPage-Optimierung bringen hingegen langfristig Erfolge.
- **Machen Sie ebenfalls manuelle Testeingaben**, sofern Keywords in Facebook, YouTube-Videos, Optimierung im Bereich Universal Search (S. 45) oder anderen Bereichen verwendet werden, um zu überprüfen, ob die gewünschten optimierten Inhalte angezeigt werden.

Erfolgskontrolle 2/2

- **Prüfen Sie, ob sich die Positionen im Rahmen der OnPage Optimierung** nach Einpflegen der Keywords **verbessern**. Um die Veränderung sichtbar zu machen, prüfen Sie dafür die Positionen im Suchmaschinenranking vor der Optimierung und ca. 3 Monate danach.
- Verfolgen Sie Änderungen gegebenenfalls mit **Free Monitor for Google** (www.emagnetix.at/eh02).
- Verwenden Sie die **internen Analyse-Tools** (z.B. bei YouTube, Google Webmaster Tools, ...). Prüfen Sie, ob sich z.B. die Klickraten bei den Videos nach der Keywordoptimierung erhöhen.
- **Weitere Details zur Erfolgskontrolle** im Bereich Suchmaschinenoptimierung finden Sie im Kapitel „Suchmaschinienoptimierung OnPage" auf Seite 34.

Suchmaschinenwerbung

- Nutzen Sie die **Google AdWords Anzeigenvorschau**, um zu testen, ob die erstellten Anzeigen für die eingegebenen Suchanfragen ausgespielt werden und an welcher Position sie angezeigt werden („Google AdWords" Seite 55). Werden die Keywords ohne Anzeigenvorschau Tool direkt in der Google-Suche getestet, kann das negative Auswirkungen auf die Qualität der Keywords haben, da diese immer nur Impressionen erzielen, jedoch keine Klicks.
- **Beobachten Sie die Klickraten der Anzeigen** bei Google AdWords. Bessere Anzeigenpositionen führen in der Regel zu besseren Klickraten.
- Überprüfen Sie ebenfalls, ob der **Erfolg** (z.B. abgeschlossene Conversions) **in einem adäquaten Bezug zu den entstanden Kosten** (durch Klicks) steht.
- Details zur Erfolgskontrolle von Google AdWords Kampagnen finden Sie im Kapitel „Google AdWords" auf Seite 55.

Experten-Tipps 1/2

Allgemeine Fehler

- **Die inhaltliche Bedeutung der Keywords ist nicht passend.** Seien Sie speziell bei allgemeinen Keywords mit mehreren Bedeutungen vorsichtig (z.B. Speichersystem: Datenspeicher oder Warmwasserspeicher, Golf: VW Golf oder Golf spielen).
- Es werden **nur Short Tail Keywords** (z.B. Wellnesshotel) verwendet. Long Tail Keywords, beispielsweise in Kombination mit einer Region sind oft effizienter (z.B. Wellnesshotel im Mühlviertel), da die Nutzer immer spezifischer suchen.
- Es wird bei der **Keywordrecherche nur aus Unternehmersicht** gearbeitet und nicht berücksichtigt, dass man im eigenen Betrieb „betriebsblind" wird. Sich in die Kunden hineinzuversetzen, ist für passende Keywords unerlässlich. Bei Unsicherheit befragen Sie 5 - 10 Kunden (Personen aus der Zielgruppe) direkt, den Vertrieb oder Kundendienst.

Suchmaschinenoptimierung

- Der Fokus wird **NUR** auf **extrem starke Keywords** und **sehr allgemein gehaltene Keywords** mit hohem Suchvolumen gesetzt. Das macht es schwer, die Rankings zu verbessern. Es kann aber trotzdem Sinn machen, wenn das Keyword inhaltlich sehr gut zur Seite passt.
- Es werden **sehr viele Keywords für eine Seite** der Website verwendet. Es ist schwer, alle Keywords in Titles, Descriptions (beschränkte Zeichenanzahl) oder auch im Text einzubauen.
  Bei der OnPage Optimierung gilt Qualität vor Quantität. Im Gegensatz dazu stellt die Anzahl an Keywords bei AdWords kein Problem dar. Auch hier muss beachtet werden, dass die Keywords thematisch sortiert werden sollten, um diese idealerweise eindeutigen Kampagnen und Anzeigengruppen zuweisen zu können. Dies vereinfacht die Verwaltung und Optimierung der Kampagnen. Zudem können mit einem optimalen Kampagnenaufbau passende Anzeigentexte und Zielseiten, die der Nutzer erreichen soll, ausgewählt werden.

Experten-Tipps 2/2

- Beachten Sie, dass **bestehende Rankings mit Top-Keywords nicht verloren gehen** dürfen. Wenn Sie mit dem Keyword „Wellnesshotel" in Google bereits auf Position 3 sind, dann sollten Sie das Keyword auch auf der Seite, mit der Sie platziert sind, belassen und verstärkt dort einbauen.
- **Geben Sie Keywords in der Google-Suche ein**, um die aktuellen Rankings zu erfahren.
Bestehende Rankings können auch mittels Tools wie Advanced Web Ranking, XOVI (beide kostenpflichtig) oder URL-Monitor (kostenlos) eruiert werden. Zusätzlich können Tools wie XOVI auch genutzt werden, um von Mitbewerbern verwendete Begriffe zu erfahren (weitere Tools siehe Kapitel „Suchmaschinenoptimierung OnPage" auf Seite 34.).

Suchmaschinenwerbung

- **Sehr allgemeine Keywords mit hohem Suchvolumen** sind auch im Bereich bezahlter Anzeigen gut zu beobachten. Zum einen sind die Klickpreise für diese sehr hoch, bringen aber viele Besucher auf die Website. Dennoch bringen sie oft nicht den gewünschten Erfolg (Zielabschlüsse).
- Achten Sie während der Recherche auch auf **negative (=ausschließende) Keywords**. Das sind jene Keywords, bei denen Sie KEINE Anzeigenschaltung auslösen möchten.
- Achten Sie bei der Verwendung von **Keywords mit falschen Schreibweisen** darauf, dass Sie hier keine Keyword-Insertion (siehe Seite 65) verwenden, denn ansonsten kann es passieren, dass die falsch geschriebenen Keywords im Anzeigentext erscheinen!

Google Analytics

Was ist das?

Google Analytics ist ein **überaus leistungsstarkes Analysetool** für Websites und steht allen Inhabern von Internetauftritten kostenlos zur Verfügung. Es lässt sich sehr leicht in die eigene Website integrieren und bietet neben den Standardstatistiken **umfangreiche Analysemöglichkeiten für Online Marketing Maßnahmen**.

Was bringt mir das?

Google Analytics ermöglicht es, die Erfolge von Online Marketing Maßnahmen zu messen und verschafft mittels zahlreicher Statistiken einen Überblick über die Website und deren Besucher.

Sie erhalten Informationen und Analysen über die Zielgruppe.

- Woher kommen die Website-Besucher?
- Über welche Kanäle kommen sie? (direkte Zugriffe, Zugriffe über die Google-Suche [organische/unbezahlte Ergebnisse oder bezahlte Ergebnisse], …)
- Welche Geräte und Betriebssysteme verwenden die Besucher?
- uvm.

Sie erhalten Informationen zu den einzelnen Seiten der Website.

- Was sind die meistbesuchten Seiten?
- Wie lange bleiben Nutzer auf den einzelnen Seiten?
- Von welchen Seiten verlassen Nutzer die Website?
- Auf welchen Seiten steigen Nutzer ein?
- Wie hoch ist die Absprungrate der einzelnen Seiten?

Sie können die einzelnen Zugriffsquellen (Kanäle/Channels) analysieren.

- Wie lange bleiben Nutzer, die z.B. über den Newsletter oder Facebook kommen?
- Wie hoch ist die Absprungrate pro Zugriffsquelle?
- Über welche Zugriffsquellen werden die meisten Abschlüsse (= Conversions, z.B. ausgefüllte Kontaktformulare, Buchungen, Käufe, …) gemessen?

Sie sehen, über welche Suchbegriffe die Besucher auf die Website kamen.

Diese Auswertung dient u.a. als Hilfsmittel für die Keywordrecherche (siehe Seite 23).

Sie erhalten eine Analyse über abgeschlossene Ziele (= Conversions).

Welche Ziele (Newsletter, Buchung, …) wurden wann, von wem, über welchen Kanal abgeschlossen. Diese Ziele müssen vorab, am besten durch die Web-Agentur (technische Betreuung der Website), eingestellt werden.

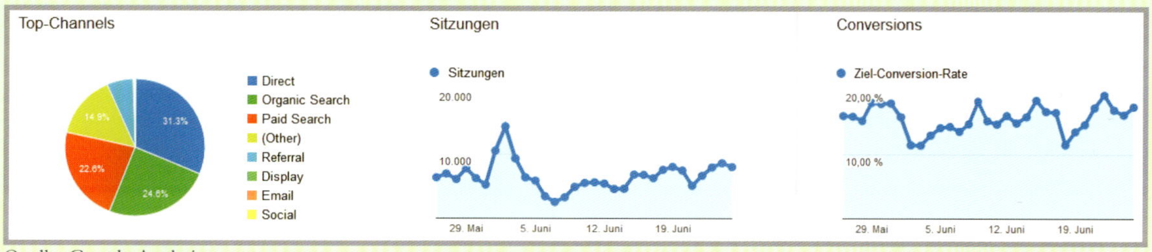

Quelle: Google Analytics

Zur Grafik: Auszug aus Google Analytics („Akquisition" > „Übersicht"), wo dargestellt wird 1. über welche Kanäle die Nutzer auf die Seiten kamen, 2. Verlauf der Anzahl an Sitzungen und 3. Verlauf der Ziel-Conversion-Rate

In 5 Schritten Google Analytics für das Unternehmen nutzen

1. Analytics Konto einrichten

- Gehen Sie auf www.google.at/analytics
- Klicken Sie rechts oben auf „Konto erstellen".
- Melden Sie sich mit einem bestehenden Google Konto an oder erstellen Sie ein neues Google Konto.
- Folgen Sie der Schritt-für-Schritt-Anleitung und geben Sie die Daten ein.
- Haben Sie bereits Zugriff auf ein Konto, loggen Sie sich ein, klicken Sie auf „Verwaltung" und wählen Sie in der Spalte „Konto" „Neues Konto" aus.
- Füllen Sie die Daten aus.
- Klicken Sie auf „Tracking-ID" abrufen.
- Lesen und bestätigen Sie die Nutzungsbedingungen.

2. Tracking-Code in Website einfügen

- Fügen Sie den generierten Tracking Code auf Ihrer Website ein.
- Der Code muss auf allen aufzuzeichnenden Seiten enthalten sein.
- Können diese Tätigkeiten nicht selbstständig durchgeführt werden, kontaktieren Sie Ihre Web-Agentur.

3. Analysen starten

- Die Daten werden erst ab dem Einfügen des Tracking-Codes aufgezeichnet.
- Daten aus der Zeit, bevor der Code eingebaut wurde, können nicht rückwirkend ausgelesen oder abgerufen werden.

4. Weitere Nutzer hinzufügen

Zusätzlich kann man weiteren Nutzern verschiedene Rechte gewähren. Beispielsweise den Zugang zum Google Analytics Konto.

- Klicken Sie auf „Verwalten" (oben in der Mitte) > „Nutzerverwaltung"
  Konto: ermöglicht den Zugriff auf Google Analytics allgemein und ggf. mehrere Websites.
  Property: ermöglicht den Zugriff auf eine Website, mobile Anwendung oder einen Blog.
  Datenansicht: ermöglicht den Zugriff auf nur eine Property, sofern mehrere vorhanden sind.
- Danach können neue Nutzer per E-Mail-Adresse hinzugefügt werden (Voraussetzung: Google Konto muss für die E-Mail-Adresse hinterlegt sein).
- Die möglichen Rechte der Nutzer sind:
  - **Lesen und analysieren:** Der Nutzer kann Bericht- und Konfigurationsdaten einsehen. Er hat die Möglichkeit zu filtern oder Dimensionen hinzuzufügen. Er kann persönliche Assets erstellen und geteilte Assets ansehen.
  - **Zusammenarbeiten:** Der Nutzer kann persönliche Assets erstellen und mit anderen teilen. Er kann an geteilten Assets mitarbeiten, Dashboards und Vermerke bearbeiten. Das Recht „Zusammenarbeiten" inkludiert die Benutzerrechte von „Lesen und analysieren".
  - **Bearbeiten:** Der Nutzer kann administrative Aufgaben ausführen und Konto- und Propertyeinstellungen bearbeiten. Er kann Filter und Ziele hinzufügen, bearbeiten oder löschen. Das Recht „Bearbeiten" inkludiert die Rechte von „Zusammenarbeiten".
  - **Nutzer verwalten:** Zusätzlich zu allen anderen Rechten können auch einzelne Nutzer individuell verwaltet werden.

5. Ziel einrichten

Als Ziele können z.B. abgesendete Kontaktformulare oder Anfrageformulare, neue Anmeldungen zum Newsletter oder andere Aktionen, die durch den Nutzer gesetzt werden, definiert werden.
Um Ziele zu definieren, auf „Verwalten" klicken und in der Spalte „Datenansicht" den Punkt „Ziele" auswählen. Ein neues Ziel kann mit einem Klick auf „+ Neues Ziel" hinzugefügt werden.

Welche Ziele können eingestellt werden und was kann gemessen werden?

- **Ziel:** Aufruf einer bestimmten Seite, z.B. „Danke-Seite" eines abgesendeten Formulares (danke.html) – somit weiß man, dass ein Formular abgesendet wurde.
- **Dauer:** Mindestbesuchsdauer einer Seite, z.B. wird eine Conversion gemessen, wenn Nutzer mindestens 5 Minuten auf der Seite sind.
- **Seiten pro Besuch:** Eine Mindestanzahl an verschiedenen Seiten wurde in einer Sitzung besucht, z.B. mindestens 5 Seiten.
- **Ereignisse:** Bestimmte Aktionen, die ein Nutzer getätigt hat, werden gemessen (z.B. Ansehen eines Videos).

Beispiel zur Erstellung eines Zieles

Annahme: Es wird gewünscht, dass alle abgesendeten Kontaktformulare gemessen werden. Nach dem Absenden einer Kontaktanfrage wird eine „Danke-Seite" geladen, die als Abschluss des Sendens dient und dem Nutzer eine Rückmeldung über die erfolgreich gesendete Anfrage gibt. Der Aufruf dieser Seite soll gemessen werden.

- Hierzu auf „+ Neues Ziel" klicken
- Sprechenden Namen vergeben, z.B. „Kontaktformular_abgesendet"
- Typ „Ziel" auswählen und zum „Nächsten Schritt" wechseln
- Die URL der „Danke-Seite" kopieren und im Feld „Ziel" einfügen
- Um die Funktion zu testen auf „Dieses Ziel bestätigen" klicken
- Abschließend „Ziel erstellen" klicken
- Ab nun werden alle abgesendeten Kontaktformulare als Ziel-Abschluss gemessen
  Weitere Details zur Einstellung von Zielen finden Sie unter www.emagnetix.at/eh03

Die wichtigsten Features für den „Hausgebrauch"

Website grundlegend analysieren

- **Begriffsdefinitionen:**
  - **Sitzungen:** alle Nutzungsdaten (Bildschirmaufrufe, Ereignisse, ...) werden einer Sitzung zugeordnet.
  - **Neue Nutzer:** die Anzahl der erstmaligen Nutzer.
  - **Absprungrate:** prozentualer Anteil aller Besucher, die nur eine Seite des Internetauftritts besuchen. Diese Besucher besuchen nur eine Seite der Website und verlassen diese wieder, ohne eine weitere Seite aufgerufen zu haben.
  - **Seiten/Sitzung:** durchschnittliche Anzahl der pro Sitzung besuchten Seiten.
  - **Durchschnittliche Sitzungsdauer:** durchschnittliche Länge einer Sitzung. HINWEIS: Die zuletzt besuchte Seite wird nicht mehr gemessen bzw. dazugerechnet.
  - **Ziel-Conversion-Rate:** Anzahl an gemessenen Conversions dividiert durch Anzahl an Sitzungen.
  - **Abschlüsse für Ziel:** gemessene Zielabschlüsse

Default Channel Grouping	Akquisition			Verhalten			Conversions Alle Ziele	
	Sitzungen	Neue Sitzungen in %	Neue Nutzer	Absprungrate	Seiten/Sitzung	Durchschnittl. Sitzungsdauer	Ziel-Conversion-Rate	Abschlüsse für Ziel

Quelle: Google Analytics

- **Folgende Daten können ausgewertet werden:**
  - **Gesamtzugriffe:** Betrachten Sie diese über einen längeren Zeitraum (Einstellung kann rechts oben getroffen werden – wählen Sie einfach die gewünschten Zeiträume).
    „Besucher" > „Übersicht" > „Besuche"
  - **Besuchszeit:** Wie lange bleiben die Besucher?
    „Besuche" > „Übersicht" > „Durchschnittliche Besuchsdauer"
  - **Wie viele Seiten werden besucht?**
    „Besuche" > „Übersicht" > „Seiten pro Besuch"

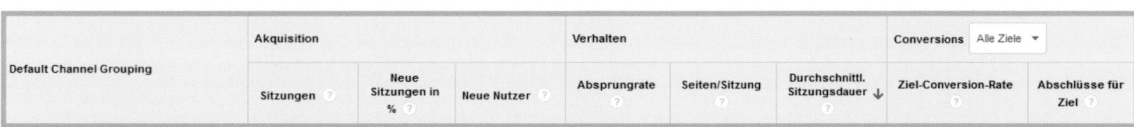

- **Woher kommen meine Besucher?** (Suche, direkt oder von anderen Seiten)
  „Akquisition“ > „Übersicht“
- **Welche Seiten werden am meisten besucht?**
  „Verhalten“ > „Website-Content“ > „Alle Seiten“
- **Woher (demografisch) kommen die Nutzer?**
  „Zielgruppe“ > „geografisch“ > „Standort“
- **Über welche Geräte/Technologie kommen die Nutzer?**
  „Zielgruppe“ > „Technologie oder Zielgruppe“ > „Mobil“
- **Über welche Kanäle kommen die Besucher?**
  „Akquisition“ > „Übersicht bzw. Akquisition“ > „Alle Zugriffe“
- **Welche Ziele wurden gemessen?** (sofern eingestellt)
  „Conversions“ > „Ziele“
- **Über welche Keywords kamen die Besucher?** (organisch oder bezahlt)
  „Akquisition“ > „Keywords“ > „Organisch“
  Problem: seit bereits längerer Zeit wird ein Großteil der geklickten Keywords nicht mehr 1:1 wiedergegeben, sondern zusammengefasst als „not provided“ dargestellt.
  „Akquisition“ > „Keywords“ > „Bezahlt“
  Liste aller geklickten Keywords, die in Google Adwords verwendet werden (siehe Seite 55).
- Bei Nutzung von Google Adwords können auch **die exakten Suchanfragen**, also genau jener Wortlaut, den Nutzer eingegeben haben, ausgegeben werden.
  „Akquisition“ > „AdWords“ > „Passende Suchanfragen“

Forcieren der Marketing Maßnahmen

Die Informationen aus Google Analytics können Anhaltspunkte liefern, welche Seiten oder Seitenbereiche zusätzlich über Marketing Maßnahmen forciert werden können, da beispielsweise die Nutzer lange darauf verweilen und somit die gewünschten Informationen finden. Zusätzlich könnten die bestehenden Informationen weiter ausgebaut werden, auf Seiten, wo die Nutzer sich z.B. nur kurz aufhalten.

Auswertung der Keywords

Sehr hilfreich ist Google Analytics, wenn Google AdWords Kampagnen bzw. Anzeigen geschaltet werden. Die oben angeführten Kennzahlen zeigen relativ rasch und deutlich, ob gewisse Keywords Erfolge bringen (niedrige Absprungrate, gute Ziel-Conversion-Rate, hohe Sitzungsdauer, …) oder nicht. Ebenso kann diese Analyse auch auf Kampagnen- oder Anzeigengruppen-Ebene angewendet werden.

Erfolgskontrolle

Sobald Google Analytics richtig konfiguriert wurde, werden Daten über die Website gesammelt und können für detaillierte Auswertungen herangezogen werden.

Experten-Tipps 1/2

Um rechtlich abgesichert zu sein, platzieren Sie im Impressum bzw. den Datenschutzbestimmungen der eigenen Website den Text von www.emagnetix.at/de/impressum.html unter dem Punkt „Verwendung von Google Analytics“ (zum Zeitpunkt des Druckes lag eine rechtlich korrekte Version vor, weitere Informationen finden Sie unter www.emagnetix.at/eh04). Hier finden Nutzer die notwendigen Hinweise darauf, dass Zugriffe auf die Website mittels Google Analytics aufgezeichnet werden. Zudem gibt es in diesem Abschnitt Hinweise darauf, wie eine Aufzeichnung unterdrückt werden kann.

Experten-Tipps 2/2

Nutzung und Erstellung von Google Dashboards: Erstellen Sie eine benutzerdefinierte Übersicht (Dashboard) mit Kennzahlen und Statistiken zu einer Website (Property). Zusammenfassungen können über sogenannte Widgets einfach generiert, platziert und ausgelesen werden, ohne dass Sie ständig das gesamte Google Analytics Konto und die verschiedenen Ebenen durchklicken müssen. Idealerweise bearbeiten Sie die bereits vordefinierten Standard-Dashboards („Navigation links“ > „Dashboards“ > „Neues Dashboard“).

Finden Sie exakt **jene Seiten, von denen aus die Nutzer die Website verlassen** und überprüfen Sie, woran dies liegen könnte (z.B. nicht informativer Inhalt, Fehler auf der Seite,...). Beheben Sie diese Fehler und Probleme und beobachten Sie, ob es zu Veränderungen kommt.

Anhand der **Verhaltensflussdarstellung** kann gut ermittelt werden, über welche Seiten die Nutzer auf die Website kommen und wie ihr Surfverhalten weiter aussieht. Die Erkenntnisse können ebenfalls genutzt werden, um gezielt Seiten auszuwählen, auf denen beispielsweise ein Anfrageformular oder Ähnliches positioniert wird („Verhalten“ > „Verhaltensfluss“).

Ebenso können die **Bewegungen der sozialen Nutzer** analysiert werden („Akquisition“ > „Soziale Netzwerke“ > „Nutzerfluss“). Speziell der Teilbereich zur Analyse der sozialen Nutzer bietet viele Möglichkeiten, um Social Media Marketing Maßnahmen (siehe Seite 85) im Detail zu beobachten und zu verbessern.

Quelle: Google Analytics

Zur Grafik: Beispiel einer Darstellung des Nutzerflusses von Besuchern, die über soziale Medien auf die Website kommen.

Analysieren Sie Ihre Website mittels **Google Analytics In-Page-Analyse** („Verhalten“ > „In-Page-Analyse“). Ihre Website wird in Analytics dargestellt. Bei allen Links sehen Sie, wie viele Besucher (in Prozent) auf welche Links (Navigation, Buttons, …) geklickt haben. Auch so können Sie sehen, wie sich die Nutzer auf Ihrer Website bewegen. Zudem bietet die In-Page-Analyse die Möglichkeit, Tests durchzuführen. Beispielsweise ob die Farbe von Anfragebuttons oder deren Position eine Rolle spielen, ob Sie geklickt werden oder nicht.

Ganz aktuelle Daten über die Nutzer Ihrer Website erhalten Sie über die **Echtzeit-Statistiken** („Echtzeit“ > „Übersicht“). Hier sehen Sie, wie viele Nutzer aktuell auf Ihrer Website sind und auch auf welchen Seiten sie sich befinden, woher sie kommen (geografisch), wie sie auf die Website gelangten und ob sie Zielabschlüsse generieren.

Suchmaschinenoptimierung OnPage

Was ist das?

Als OnPage Optimierung werden **alle Änderungen im Bereich Suchmaschinenoptimierung** bezeichnet, die **direkt auf der Website** vorgenommen werden. Diese Änderungen dienen dazu, die Website in den Suchmaschinen in vordere Positionen zu bringen. Im Gegensatz zu AdWords kann es einige Wochen dauern, bis erste Erfolge sichtbar werden. Die OnPage Optimierung ist durch externe Maßnahmen, wie beispielsweise bei der OffPage-Optimierung, nicht bzw. kaum beeinflussbar und fällt somit ausschließlich in den Verantwortungsbereich der Personen, die Zugriff auf das Content Management System (CMS) der Website haben.

Die OnPage Optimierung ist eine **kosteneffiziente Maßnahme zur Kundenakquise**. Getätigte Maßnahmen beeinflussen in erster Linie die unbezahlten Suchergebnisse. Erst sekundär beeinflussen sie auch die bezahlten Suchergebnisse hinsichtlich des Qualitätsfaktors der Keywords.

Zur OnPage Optimierung gehört auch die **Optimierung der technischen Struktur**, um diese für Suchmaschinen besser lesbar zu machen. Darüber hinaus werden die relevantesten technischen Bestandteile einer Website für Google verfügbar gemacht (insgesamt gibt es laut Google über 200 Ranking Faktoren).

Was bringt mir das?

- OnPage Optimierung bringt eine **langfristige Verbesserung in der Reihung der Suchergebnisse** und damit auch eine höhere Anzahl an Website-Besuchern.
- OnPage Optimierung bringt eine **Verbesserung der Nutzererfahrung** auf der Website, dadurch eine längere Verweildauer der Nutzer und mehr Seitenbesuche.

In 7 Schritten zur erfolgreichen OnPage Optimierung

1. Prüfen Sie vor dem Start der Optimierung mit der Web-Agentur, ob alle relevanten SEO-Einstellungen im CMS auf verschiedenen Ebenen der Website (Startseite, Hauptmenü, Untermenüs, usw.) vorhanden sind:

- Eingabe von Meta-Tags (Keywords, Descriptions) und Title-Tags
- Vergabe von Alt-Attributen bei Bildern
- Einfügen von internen Links
- Möglichkeit zu Textänderungen
- Zugriff bzw. Verknüpfung zu Google Analytics und Google Webmaster Tools Konto

2. Verschaffen Sie sich einen ersten Eindruck von der Seite.

- Usability: **Nutzbarkeit aus Nutzersicht**
  - Gibt es Fehler auf der Seite?
  - Ist die Navigation verständlich und intuitiv bedienbar?
  - Sind Abläufe, wie Bestellprozess oder die Newsletteranmeldung, logisch und klar nachvollziehbar?
  - Ist die Schrift gut lesbar?
  - Ist die Ladezeit der Seite gering?
- **Nutzermehrwert**
  - Finden Nutzer das, was sie gesucht haben?
  - Erfahren Sie mehr als sie wollten?
  - Liefert die interne Suche (falls vorhanden) auch Ergebnisse?
- **Informationen zu Verbesserungen** können auch über Tools erhalten werden (kritisch hinterfragen):
  - www.seitwert.de

    - Registrierung erforderlich
    - Listet Informationen in Form von relevanten Kennzahlen
    - Zusätzlich werden Verbesserungsvorschläge angegeben
  - www.qualidator.com
    - Analysiert die technischen Aspekte der Website
    - Deckt Schwachstellen auf
    - Kostenlose Variante ist eher für kleine Websites zu empfehlen

3. Legen Sie ein Excel Dokument an.

Navigationspunkt/URL	Keywords	Title-Tag	Meta-Description
http://www.beispielhotel.at	Hotel Salzburg	Romantik Hotel Salzburg & Österreich, Wellness Hotel Salzburg	Romantik Hotel Salzburg / Österreich - Ihr Wellness Hot
	Romantik Hotel		
	Wellness Hotel Salzburg		
	Romantik Hotel Österreich		

Zur Grafik: Auszug eines Beispiel Excel-Dokumentes mit den beschriebenen Inhalten (Seiten-URL bzw. Navigationspunkt, dazugehörige Keywords, definierter Title-Tag und Meta-Description).

- Als Ausgangspunkt für die Optimierung empfehlen wir Ihnen ein Excel Dokument anzulegen, in welchem die Schritte und Ergebnisse der OnPage Optimierung protokolliert werden. Zudem werden hier die gewünschten Änderungen (Keywords, Title-Tags, etc.) vorerst „offline" notiert, um diese dann gemeinsam in das CMS eingeben zu können (Zeitersparnis).
- Erstellen Sie im Excel Dokument **in der ersten Spalte eine Übersicht mit allen vorhandenen Seiten** untereinander. Jeder Navigationspunkt erhält eine eigene Zeile.
- Fügen Sie **in der zweiten Spalte die Keywords** je Seite im Dokument hinzu (sind die Basis jeder SEO-Kampagne). Im Detail wird die Keywordrecherche im Kapitel „Keywords" auf Seite 22 erläutert.
- Fügen Sie **eine weitere Spalte für den Title-Tag** je Seite der Website hinzu.
  - Der Title-Tag ist einer der wichtigsten Parameter bzw. Rankingfaktor für Suchmaschinen im Bereich der OnPage Optimierung.
  - Dieser besteht aus den Keywords, getrennt durch Beistriche, „&", „/" oder andere Satzzeichen.
  - Die Keywords werden nach Wichtigkeit/Suchvolumen im Title von links nach rechts verwendet.
  - Ungefähr 55 Zeichen stehen zur Verfügung, damit der Title auch noch komplett im Suchergebnis angezeigt wird (Überprüfung mit: www.seomofo.com/snippet-optimizer.html).
  - Am Ende fügen Sie den Firmennamen hinzu. Dieser kann auch zusätzlich zu den 55 Zeichen angefügt und mit einem Bindestrich vom Rest des Titles getrennt werden.
  - Nicht nur Keywords auflisten, das sieht nach Spam aus.
  - Für die Nutzer schreiben, nicht nur für die Suchmaschinen.
  - Erstellen Sie für jede Seite einen einzigartigen Title.
- Fügen Sie die **Meta-Description in einer weiteren Spalte** im Dokument hinzu.
  - Inhalt der Seite in 2 bis 3 Sätzen beschreiben.
  - Texte nicht von der Seite kopieren, sondern die Texte neu schreiben. Für jede Seite eine eigene und einzigartige Description verwenden.
  - In der Description auch die Keywords verwenden.
  - Die wichtigsten Wörter an den Anfang stellen.
  - Call to Action einbauen: Der Nutzer soll animiert werden, die Website zu besuchen.
  - Jede Description hat ca. 150 Zeichen, um auch vollständig in den Suchergebnissen angezeigt zu werden (Überprüfung mit: www.seomofo.com/snippet-optimizer.html).
  - Die Description für den Leser schreiben, nicht für die Suchmaschinen.
  - Keywords nicht einfach aufzählen, das sieht nach Spam aus.

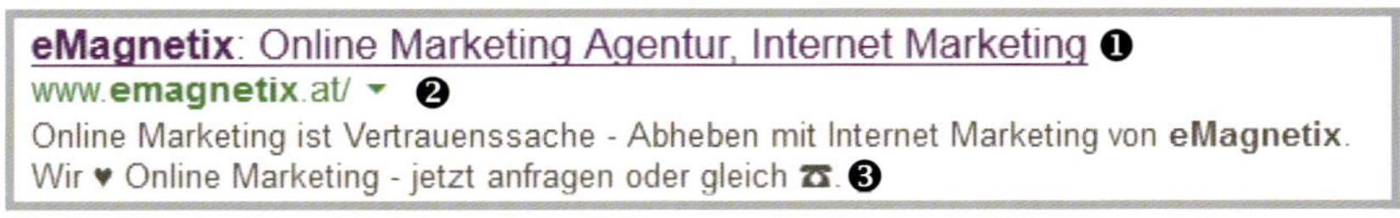
eMagnetix: Online Marketing Agentur, Internet Marketing ❶
www.emagnetix.at/ ❷
Online Marketing ist Vertrauenssache - Abheben mit Internet Marketing von eMagnetix.
Wir ♥ Online Marketing - jetzt anfragen oder gleich ☎. ❸

❶ Title
❷ URL
❸ Description

Quelle: Google

4. Fügen Sie die Meta-Tags im CMS ein.

- Gehen Sie das CMS Seite für Seite durch und geben Sie die soeben erstellten Informationen aus dem Excel-Dokument ein (Titles und Descriptions).
- Fügen Sie die Keywords ohne Zeilenumbrüche und durch Beistriche getrennt ein. Der Keywords-Tag kann der Vollständigkeit halber ebenfalls ausgefüllt werden, muss aber nicht, da er keine Auswirkung auf die Rankings in Google hat.

5. Optimieren Sie den Text, die Keyword Density und die Alt-Attribute.

- Details zur Textgestaltung siehe Kapitel „Webredaktion“ (Seite 74).
- Versuchen Sie die Keywords im Text so natürlich wie möglich unterzubringen. Der Textfluss darf durch das Einfügen der Keywords nicht gestört werden. Es gilt wiederum, den Text für den Besucher zu schreiben und nicht nur für die Suchmaschine.
- Verwenden Sie nicht nur die Keywords, sondern auch Synonyme, Singular- und Pluralformen, …
- Bauen Sie, wenn möglich, Keywords in Überschriften, idealerweise in HTML als H1, H2, etc. ausgezeichnet, ein.
- Heben Sie Keywords eventuell optisch (z.B. **fett**) hervor. Gehen Sie mit diesen Formatierungen sparsam um. Eine zu häufige Hervorhebung von Worten wirkt unnatürlich und unglaubwürdig.
- Verwenden Sie Keywords auch bei Bildern. Da Suchmaschinen Bildinhalte nicht „sehen“ können, werden die Alt-Attribute ausgelesen und somit der Bildinhalt für die Suchmaschinen verständlich gemacht. Beispiel: „Wellnesshotel in Salzburg – Romantik Hotel GMACHL“

Beispiel:
Text vor der Optimierung:

DIE SCHÖNHEIT DER NATUR GENIESSEN

Das Ötztal gilt mit seinen 65 Kilometern Länge als längstes Quertal der Ostalpen und zugleich auch als das längste Seitental des Inntals. Diese Region Österreichs ist wahrlich außergewöhnlich und lohnt immer einen Besuch, nicht nur weil es stets etwas Neues zu entdecken gibt. Das Central ist der perfekte Ausgangspunkt um das Tal, sowie seine karge und zugleich auch faszinierende alpine Landschaft auf verschiedenste Arten und Weisen zu erkunden. Mehr als 250 Dreitausender umrahmen das Ötztal und bilden eine Kulisse sondergleichen - egal ob im Sommer oder Winter. Zur Erkundung der atemberaubenden Bergwelt gibt es alleine in Sölden zahlreiche Seilbahnen, Wander- und Radwege oder auch Klettersteige, welche als kleine oder auch größere Hilfsmittel zur einfacheren Besteigung von Gipfeln beitragen. Nähere Informationen bezüglich der schönsten Plätze und Touren, sowie zahlreicher Besonderheiten unseres Tals, erhalten Sie natürlich bei uns!

> SOMMERURLAUB IM ÖTZTAL

Quelle: www.central-soelden.at

Text nach der Optimierung:
Es wurden die Keywords „Hotel in Sölden“, „5-Sterne Hotel in Sölden“ und „Hotel in Tirol“ in den Text eingefügt.

DIE SCHÖNHEIT DER NATUR IM CENTRAL, DEM 5-Sterne-**HOTEL IN SÖLDEN**, GENIESSEN

Das Ötztal gilt mit seinen 65 Kilometern Länge als längstes Quertal der Ostalpen und zugleich auch als das längste Seitental des Inntals. Diese Region Österreichs ist wahrlich außergewöhnlich und lohnt immer einen Besuch, nicht nur weil es stets etwas Neues zu entdecken gibt. Das Central, das einzige **5-Sterne-Hotel in Sölden**, ist der perfekte Ausgangspunkt um das Tal, sowie seine karge und zugleich auch faszinierende alpine Landschaft auf verschiedenste Arten und Weisen zu erkunden. Mehr als 250 Dreitausender umrahmen das Ötztal und bilden eine Kulisse sondergleichen - egal ob im Sommer oder Winter. Zur Erkundung der atemberaubenden Bergwelt gibt es alleine in Sölden zahlreiche Seilbahnen, Wander- und Radwege oder auch Klettersteige, welche als kleine oder auch größere Hilfsmittel zur einfacheren Besteigung von Gipfeln beitragen. Nähere Informationen bezüglich der schönsten Plätze und Touren, sowie zahlreicher Besonderheiten unseres Tals, erhalten Sie natürlich bei uns im **Hotel in Tirol**!

> SOMMERURLAUB IM ÖTZTAL

Quelle: www.central-soelden.at

6. Setzen Sie interne Verlinkungen

Suchmaschinen folgen den Links. Durch das Setzen von internen Links können Sie die ganze Website erfassen („Durchblutung“ der Website). Ebenfalls verteilt sich die eingehende Linkpower von stark verlinkten

Seiten der Website auf die schwächeren Seiten, die wenig bis keine eingehenden Links aufweisen können.

- **Bauen Sie als Linktext möglichst jene Keywords ein, die die jeweilige Zielseite betreffen.** Beispiel: Hier wurde das Keyword „Wellnesshotel in Tirol" verlinkt. Der Link führt auf jene Seite, auf der das Keyword „Wellnesshotel in Tirol" verwendet und eingebaut wurde.

> Wellness in Tirol - Tun Sie Ihrem Körper etwas Gutes und verbringen Sie entspannende Stunden in den Wohlfühlwelten bei uns im Central - Das Wellnesshotel im Ötztal - Hier finden Sie eine großzügige SPA-Landschaft mit verschiedenen Saunen, Dampfbädern, Kneipp-Becken, Erlebnisduschen und einem Indoor-Swimmingpool mit einer original Venezianischen Gondel. Erleben Sie unvergessliche Momente im Wellnesshotel in Tirol in den romantischen Liegeoasen am Markusplatz oder in den Wasserbetten im Asia Ruheraum und genießen Sie die wahre Leichtigkeit des Seins. Lassen Sie sich einfach treiben und spüren Sie die sanfte Erholung von Körper, Geist und Seele.

Quelle: www.central-soelden.at

- **Links müssen für den Nutzer Sinn machen** und sollten nicht übertrieben oder ohne Nutzen eingebaut werden. Bauen Sie bei kurzen Inhalten weniger Links ein. Bei längeren Texten dürfen es durchaus mehr sein.
- **WICHTIG:** Die Seite, auf die verlinkt wird, darf von der aktuellen Seite nicht direkt erreichbar sein! Verlinken Sie nicht innerhalb der gleichen Ebene, sondern immer auf eine Ebene oberhalb oder unterhalb in der Seitenhierarchie. Der Grund hierfür ist, dass z.B. Crawler von Suchmaschinen den Quellcode einer Website von oben nach unten durchsuchen und wird nun auf eine Seite verlinkt, die bereits vorher über das Menü (zumeist weiter oben im Quellcode vorhanden) ebenfalls verlinkt ist, ist der weiter unten gesetzte Link hinsichtlich Crawling irrelevant.
- **Info zu Links auf externe Seiten:** Auch externe Links müssen dem Nutzer einen Mehrwert bieten, können aber beliebig gestaltet werden.
  Unsere Empfehlung: Externe Links sollten sich in einem neuem Fenster öffnen, damit der Nutzer auch noch die Möglichkeit hat, auf Ihrer Website zu bleiben.

7. Setzen Sie auf technische Unterstützung.

☑ **Google Webmaster Tools**

- Melden Sie die Website in Google Webmastertools an.
  Dieses kostenlose Tool von Google ermöglicht es nicht öffentliche Informationen über die eigene Website und deren Präsenz in Google zu erhalten. Zudem werden hier Probleme, wie Crawling-Fehler oder manuelle Maßnahmen, kommuniziert. Des Weiteren können Verbesserungspotenziale gefunden werden oder eine XML-Sitemap via Google Webmaster Tools hochgeladen werden.
  - Gehen Sie auf www.google.com/webmasters/tools
  - Melden Sie sich mit Ihrem bestehendem Google Konto („Google Konto" S. 120) an.
  - Klicken Sie auf „Website hinzufügen".
  - Geben Sie die Domain ein (z.B. www.domain.at).
  - Bestätigen Sie die Inhaberschaft der Seite.
    TIPP: Wenn die Website mit Google Analytics verknüpft ist, verwenden Sie die „Alternative Methode" und nutzen Sie das bestehende Google Analytics Konto zur Verknüpfung.
    ACHTUNG: Analytics und Webmaster Tools müssen über das selbe Google Konto laufen!
- HTML-Verbesserungen (unter „Darstellung der Suche").
  - Finden Sie Seiten, auf denen Probleme mit Title-Tags oder Meta-Descriptions zu finden sind (doppelte, zu kurze oder lange Meta-Descriptions bzw. Title-Tags).
  - Analysieren Sie diese und überprüfen Sie, wie diese Probleme zu Stande kommen.
  - Vermeiden Sie speziell doppelte Angaben und korrigieren Sie diese im CMS.
- Crawling Fehler (unter „Crawling").
  - Prüfen Sie nicht mehr erreichbare/gefundene Seiten auf interne oder externe Verlinkungen. Klicken Sie hierzu auf die aufgelisteten URLs und dann auf den Tab „Verlinkt über".
  - Aktualisieren Sie, wenn möglich, die nicht mehr funktionierenden internen Verlinkungen.
  - Wenn aus Ihrer Sicht relevante/wichtige Verlinkungen von externen Websites vorhanden sind, aktualisieren Sie die Links oder lassen Sie von Ihrem Webmaster eine 301-Weiterleitung (siehe Glossar) der betroffenen Seiten auf noch vorhandene Seiten einrichten.

☑ **Google-Index analysieren und ggf. bereinigen.**

- Prüfen Sie, welche Seiten ihrer Website sich im Google-Index befinden (Beispiel-Eingabe bei Google site:www.emagnetix.at).
- Die URLs müssen sprechend und für die Nutzer nachvollziehbar/lesbar sein. Sie sollen bereits auf den Inhalt der Seite hinweisen und wenn möglich die definierten Keywords enthalten .
  Beispiel: www.emagnetix.at/de/google-adwords.html statt www.emagnetix.at?id=12
- Vergleichen Sie die Anzahl der Seiten im Index mit der Anzahl der tatsächlichen Seiten der Website.
  - Unwichtige Seiten oder mehrfach vorhandene Seiten müssen raus aus dem Index.
    - Richten Sie eine 301 permanente Weiterleitung ein, wenn Inhalte möglicherweise mehrfach erreichbar sind. Wenn Sie diese selbst nicht einrichten können, lassen Sie das über die Web-Agentur erledigen.
    - Setzen Sie die Seiten, die nicht relevant oder Duplikate sind, wenn möglich, im CMS über die robots-Einstellung auf „noindex, follow, noodp".
    - Löschen Sie Seiten im CMS, wenn diese keine Gültigkeit oder Relevanz haben.
    - Schließen Sie Seiten oder Verzeichnisse über die robots.txt aus, wenn Weiterleitungen oder eine Definition als „noindex" nicht möglich sind.
  - Printversionen oder PDFs von Seiten gehören nicht in den Index, außer sie bieten zusätzliche Informationen zu Produkten, die so nicht auf der Website zu finden sind (erledigt die zuständige Web-Agentur).

☑ **Duplicate Content bereinigen**

Inhalt soll immer einzigartig sein im Web, da Duplicate Content die Rankings in Suchmaschinen negativ beeinflussen kann! Im Sinne der Erhöhung der Qualität der Suchergebnisse, werten Suchmaschinen Websites ab, wenn doppelte Inhalte identifiziert werden.

- Suchen Sie nach ganzen Sätzen oder Satzfragmenten Ihrer Website auf Google. Geben Sie einen ganzen Satz, oder nur einen Teil davon, unter Anführungszeichen („") ein.

"Google Webmaster Tools verwenden zur Überprüfung und Kontrolle von"

Quelle: Google

- Verwenden Sie das Tool Copyscape (copyscape.com).

Erfolgskontrolle 1/2

- **Google Analytics verwenden.**
  - Zugriffe vor und nach der Optimierung vergleichen
  - Entwicklung der einzelnen Kennzahlen beobachten
- **Google Webmaster Tools verwenden** zur Überprüfung und Kontrolle von:
  - Veränderungen der Klickraten von Keywords
  - Positionen der Suchbegriffe
  - Entwicklung der Zugriffszahlen
  - Veränderung der Anzahl an doppelten Titles oder Meta-Descriptions
- **Einzelne Keywords in der Google-Suche** vor und ca. ein Monat nach der Optimierung **vergleichen.**
  Besonders wichtig ist es, zuerst immer die Cookies im Browser zu löschen (mittels Tastenkombination Strg + Umschalt + Entf bei den gängigsten Browsern) und sicherzustellen, dass Sie nicht mit Ihrem Google Konto angemeldet sind. Das verfälscht die Ergebnisse.
  - Welche Keywords haben sich in den Rankings verbessert?
  - Welche Keywords sind gefallen? (Maßnahmen erneut kontrollieren und verbessern)
  - Hinweis: Änderungen werden nicht sofort von Google erfasst. Die Aktualisierung dauert ein paar Tage/Wochen.

Erfolgskontrolle 2/2

- **Verwendung von weiteren Tools** zur Bestimmung der Rankings und Sichtbarkeit in regelmäßigen Abständen nach der Optimierung, z.B. alle zwei Wochen oder nach Bedarf.
  - **Kostenpflichtige Tools** mit großem Funktionsumfang und vielen Möglichkeiten zur Analyse
    - www.xovi.de
    - www.sistrix.com
    - www.advancedwebranking.com
  - **In gewissem Umfang kostenlose Tools**
    - www.opensiteexplorer.org – Überblick über SEO Kennzahlen, Konkurrenzvergleich
    - suite.searchmetrics.com/de/research – Sichtbarkeitsverlauf, SEO Kennzahlen, Top 5 Rankings
  - **Kostenlose Tools**
    - www.diagnoseo.de – zeigt Optimierungpotenziale
    - www.keyword-position.de – nur Rankings
    - www.url-monitor.com – nur Rankings
    - www.seolytics.de – 1 Domain kostenlos, Rankings, Sichtbarkeit, Potenzialanalyse, Backlinkanalyse
    - www.seorch.de – umfangreiche OnPage Analyse, Problemanalyse, Rankings, Snippet Analyse
    - tutor.rs – OnPage Analyse, Usability Analyse, SEO Kennzahlen

Experten-Tipps 1/2

Die **Verwendung von Sonderzeichen** in den Meta-Descriptions macht die Anzeige etwas auffälliger und erhöht die Aufmerksamkeit bei den Suchenden (Beispiel auf S. 35 unten). Das führt zu einer höheren Klickrate. Eine Sammlung von Sonderzeichen finden Sie unter saney.com/tools/symbols.html. Hinweis: In Title-Tags werden manche Sonderzeichen in den Suchergebnissen nicht angezeigt, ein Test lohnt sich aber auf alle Fälle.

Wir empfehlen die **Nutzung von dynamischen XML-Sitemaps** auf der Website und Einreichung dieser in den Google Webmaster Tools („Webmater Tools" > „Crawling" > „Sitemaps"). Dies führt zu einer Verbesserung des Crawlings und ist vor allem bei neuen Seiten empfehlenswert. Zusätzlich ist hier der aktuelle Crawling-Status sichtbar.

Um Suchmaschinen direkt auf die Sitemap aufmerksam zu machen, erstellen Sie einen **Hinweis in der Robots.txt** auf den Pfad der Sitemap (Sitemap: Domain.at/sitemap.xml).

Für Weiterleitungen sollten immer 301-Redirects (permanent) verwendet werden. Nur in seltenen Ausnahmefällen, wenn beispielsweise Inhalte nur für einen kurzen Zeitraum umgeleitet werden sollen, sollten 302-Redirects (temporäre) verwendet werden (in Rücksprache mit Web-Agentur).

Beachten Sie, dass es **durch Seitennummerierungen** (Paginierungen) **zu Duplicate Content** kommt. Die Unterseiten sollten nicht in den Index aufgenommen werden. Setzen Sie diese auf noindex oder setzen Sie Canonical-Tags mit einem Verweis auf die erste Übersichtsseite der Aufzählungen. Beispiel: Eine Liste mit insgesamt 45 Veranstaltungen wird auf 5 Seiten zu je maximal 10 Einträgen dargestellt. Auf jeder Sortierungsseite sind Title-Tag und Meta-Description gleich (Duplicate Content).

Ermöglichen Sie das Erstellung von Rich Snippets unter Nutzung des Data Highlighters in den Google Webmaster Tools („Darstellug der Suche" > „Data Highlighter"). Oder definieren Sie mögliche Informationen mithilfe von HTML-Auszeichnungen nach Schema.org (Details unter www.emagnetix.at/eh05).

Auch **404-Fehler-Seiten sollten ansprechend gestaltet** sein, damit die Nutzer auf der Website bleiben und nach ähnlichen Themen recherchieren.

Experten-Tipps 2/2

Überprüfen Sie, ob die Website und verschiedene hierarchisch unterschiedliche Seiten **mit und ohne Eingabe von „WWW“ erreichbar** sind. Prüfen Sie ebenfalls die Google-Suchergebnisse, welche Variante (mit oder ohne WWW) am häufigsten vorkommt.
ACHTUNG: Manche Browser fügen das „WWW“ automatisch hinzu, daher ist es ratsam, Tools zu nutzen (testuri.org). Bei Mehrfacherreichbarkeit leiten Sie die URLs ohne „WWW“ auf jene mit „WWW“ mittels 301-Redirects weiter. Sollten die URLs ohne „WWW“ häufiger in den Google-Suchergebnissen vorkommen, dann leiten Sie jene mit „WWW“ auf jene ohne „WWW“ weiter.

Bei Verwendung von HTTPS prüfen Sie auf doppelte Erreichbarkeit über testuri.org (Eingabe der URL einmal mit HTTP und einmal mit HTTPS) leiten Sie gegebenenfalls die HTTP-Version auf die HTTPS mittels 301-Redirects weiter. HINWEIS: Seit Sommer 2014 werden verschlüsselte Websites von Google hinsichtlich Rankings bevorzugt behandelt.

Suchmaschinenoptimierung OffPage

Was ist das?

OffPage Optimierung oder „Linkbuilding“ ist eine **Optimierungsmaßnahme des Suchmaschinen-Rankings über Methoden, die nicht direkt auf der Website angewendet werden.** Sie gilt als „Königsklasse“ im Rahmen der Suchmaschinenoptimierung und kann bei Fehlern sogar mit Verlusten von Sichtbarkeit oder Rankings durch Google abgestraft werden.

Linkbuilding bedeutet in der Regel, einen großen Aufwand zu betreiben, um Backlinks zu generieren. Allerdings ist diese Maßnahme nachhaltig. Bezahlte Anzeigen bringen vergleichsweise sehr rasch Erfolge. Im Gegensatz zur OffPage Optimierung, werden keine Anzeigen mehr geschaltet, wenn kein Geld mehr investiert wird. Backlinks gelten für Google als Empfehlung einer anderen Website für die eigene und sind dadurch ein wichtiger Rankingfaktor.

Je mehr Links auf die eigene Website verweisen, desto höher ist die Relevanz für Google. Allerdings wandelt sich dieser Trend und die Qualität der verlinkenden Websites wird immer wichtiger.
Eine große Rolle für die OffPage Optimierung spielen die Inhalte der eigenen Website. Diese müssen einen Mehrwert bieten, damit sie auch gerne verlinkt werden.

Was bringt mir das?

- OffPage Maßnahmen verbessern nachhaltig und langfristig Ihre Positionen in den unbezahlten Suchergebnissen.
- Ebenfalls verbessert sich die Reputation der Website durch gute Platzierungen in den Suchergebnissen.
- Dadurch erhöhen sich die Zugriffszahlen auf die Website.
- Durch Links von verschiedenen externen Websites fördern Sie die Bekanntheit der Website.
- Sie haben mehr Besucher, die über die verweisenden Websites kommen.
- Es erhöht sich die Sichtbarkeit in Suchmaschinen durch die Zunahme an Rankings.
- Auch relativ allgemeine Begriffe mit hohem Suchvolumen können mittels OffPage Optimierung in den Suchergebnissen weit nach vorne gebracht werden.
- Alle Effekte führen in Summe zu mehr Umsatz bzw. Gewinn.

Quelle: XOVI

Zur Grafik:Steigende Sichtbarkeitskurve der Website laut XOVI.

5 Tipps für mehr Backlinks

1. Links auf Kunden- oder Lieferanten-Seiten

- Fragen Sie Kunden/Lieferanten, ob diese einen Link auf deren Website veröffentlichen.
- Suchen Sie nach Seiten, die Ihrer ähnlich sind und fragen Sie nach, ob ein Link veröffentlicht wird.

2. Sponsoring

- Fast alle Vereine haben eine Website. Mit einem kleinen Beitrag werden Sie eventuell als Sponsor mit einem Link angeführt. Hier wird kein Link gekauft (!), sondern ein Verein unterstützt.
- Veranstaltungen und Events können auch unterstützt werden und platzieren dafür gerne Links.

3. Links im Internet verteilen

- Verlinken Sie Ihre Website in der E-Mail Signatur.
- Veröffentlichen Sie die Links auf eigenen Social-Media Profilen.
- Kommentieren Sie in relevanten Blogs oder Foren zu Themen Ihrer Branche und nutzen Sie den Link in der Profilsignatur.
- Schreiben Sie Gastbeiträge in Blogs. Schreiben Sie sinnvolle Beiträge zu einem Thema, in welchem Sie als „Experte" gelten. Parallel dazu können Sie beispielsweise ein Google+ Profil aufbauen, welches ebenfalls zum Verteilen der Beiträge genutzt werden kann.
- Verfassen Sie Kundenrezensionen oder Empfehlungsschreiben.

4. Freie Presseportale

- Veröffentlichen Sie Berichte in freien Presseportalen.
  Diese Presseportale sollten einen Mehrwert bieten und sich mit der Branche befassen. Beurteilen Sie, wie das Portal aufgebaut ist, welche Artikel aktuell veröffentlicht sind und ob Sie Artikel lesen würden, die auf dem Portal veröffentlicht sind.
  Beispiele: www.openpr.de, www.presseanzeiger.de, www.nachrichten.net

5. Nutzen Sie Branchenverzeichnisse

- Lassen Sie Ihr Unternehmen in Branchenverzeichnisse aufnehmen.
  Wichtig ist die (subjektive) Wertigkeit des Verzeichnisses. Beurteilen Sie, ob Sie über das ausgewählte Verzeichnis andere Websites besuchen würden.
  - Wie ist der Aufbau des Verzeichnisses?
  - Ist das Verzeichnis optisch ansprechend oder vom Design her veraltet?
  - Wirkt das Verzeichnis seriös?
- **Die interessantesten Branchenverzeichnisse in Österreich**
  - ☑ Google My Business – www.google.com/business
  - ☑ Herold – www.herold.at
  - ☑ Yelp – www.yelp.at
  - ☑ Firma.at – www.firma.at
  - ☑ WKO Firmen A-Z – firmen.wko.at
  - ☑ Yellowmap – www.yellowmap.at
  - ☑ Stadtbranchenbuch – www.stadtbranchenbuch.at
  - ☑ Hotfrog – www.hotfrog.at
  - ☑ Wer liefert was – www.wlw.at
  - ☑ FirmenABC – www.firmenabc.at
  - ☑ Telaustria – www.telaustria.at
  - ☑ Dasschnelle – www.dasschnelle.at
  - ☑ Firmen Liste 24 – firmen.liste24.at
  - ☑ Kreditschutzverband – www.ksv.at
  - ☑ MisterWhat – www.misterwhat.at
  - ☑ Das Branchenbuch – www.dasbranchenbuch.at
  - ☑ Gewerbeverzeichnis Österreich – www.gewerbeverzeichnis-oesterreich.at

Erfolgskontrolle

- Machen Sie Auswertungen über Google Analytics („Akquisition“ > „Alle Verweise“) und prüfen Sie, ob über die Backlinks Zugriffe auf die eigene Website gemessen werden. Wenn nicht, bedeutet dies aber nicht automatisch, dass der Link an sich schlecht ist. Die Linkpower wird trotzdem weitergegeben, auch wenn niemand auf den Link klickt. HINWEIS: Dies wird in der Branche diskutiert, wurde jedoch von Google nicht offiziell bestätigt.
- Überprüfen Sie über Google Webmaster Tools, woher Backlinks kommen und welcher Linktext vergeben wurde. Zusätzlich kann überprüft werden, welche Backlinks zuletzt gesetzt wurden („Suchanfragen“ > „Links zu Ihrer Website“ > „Aktuelle Links herunterladen“).
- Tools, die verwendet werden können, um Backlinks zu eruieren:

  Kostenlose Tools:
  - www.seo-united.de/backlink-checker
  - www.backlinktest.com
  - www.linkdiagnosis.com
  - www.seolytics.de/home/starter-kostenlos
  - www.opensiteexplorer.org

  Kostenpflichtige Tools:
  - www.linkresearchtools.de
  - www.xovi.de
  - www.advancedwebranking.com
  - www.sistrix.de
  - suite.searchmetrics.com/de/research

Experten-Tipps

- Verwenden Sie den eigenen Markennamen (Brand) für Linktexte (jener Text, der für den Nutzer nachvollziehbar als Link gekennzeichnet wurde).
- Verwenden Sie Variationen der Linkziele (URLs der Zielseiten) und der Linktexte. Vermeiden Sie, dass der gleiche Linktext mehrfach verwendet wird.
- Kaufen Sie keine Links. Gekaufte Links entsprechen nicht den Richtlinien von Google!
- Bauen Sie Ihre Links sukzessive auf. Die schlagartige Erhöhung der Linkanzahl wirkt unnatürlich und birgt die Gefahr einer manuellen Maßnahme durch Google (Ranking- und Sichtbarkeitsverluste).
- Prüfen Sie mittels Google Webmaster Tools, ob Ihre Website von einer manuellen Maßnahme seitens Google betroffen ist („Google Webmaster Tools“ > „Suchanfragen“ > „Manuelle Maßnahmen“).
- Je mehr Links von qualitativ hochwertigen Seiten (z.B. Zeitungen, Magazine, Universitätsseiten, Behörden-Seiten, ...) auf die eigene Website verweisen, desto besser.
- Verzichten Sie weitgehend auf Linkverzeichnisse und Social Bookmarks.
- Links in Postings von Social Media Plattformen haben aktuell noch kaum bewiesenen direkten Einfluss auf die Rankings, erhöhen aber die Reichweite und die Zugriffe auf Ihre Website.
- Wenn es weitere Domains gibt, die nicht genutzt werden oder die gleichen Inhalte wie die Hauptdomain haben, ist eine Weiterleitung dieser Domains mittels 301 Redirects empfehlenswert. So erzielen Sie eine Bündelung der Backlinks auf die Hauptdomain.
- Das Zielland kann bei internationalen Domains (z.B. .com) in den Google Webmaster Tools definiert werden (Website-Einstellungen). Somit wird für Google die Gewichtung festgelegt, dass die Inhalte und Angebote hauptsächlich beispielsweise auf Österreich ausgelegt sind.
- Backlinks von guter Qualität können beispielsweise über die Websites der Wirtschaftskammer, einem XING-Profil, die Gewerbeverzeichnisse der jeweiligen Wirtschaftsregion oder die Kommunal-Website kommen. Links, die von Medien Seiten (ORF, Puls4, Kurier, Nachrichten, News, ...) kommen, sind meist auch qualitativ hochwertig.

Experten-Tipps 2/2

- Obwohl Wikipedia-Links sogenannte „nofollow-Links" sind, geht man davon aus, dass Links aus Wikipedia (z.B. Ihre Website als Quelle) ein positives Signal für Google sind. Daher sollten diese nach Möglichkeit forciert werden.
- Überprüfen Sie mindestens jährlich das aktuelle Linkprofil mithilfe der Link Research Tools oder Webmaster Tools und bewerten Sie bei neuen Links, ob diese schädlich sind oder im Zuge von negativen SEO-Maßnahmen (z.B. zahlreiche neue fremdsprachige Links, ...) gesetzt wurden.
- Wir empfehlen, um langfristig erfolgreich zu sein, professionelle OffPage Maßnahmen über externe Agenturen machen zu lassen, da das Risiko etwas falsch zu machen, stark reduziert wird. Weiters sind OffPage Maßnahmen für den Einzelnen oft schwer zu handhaben. Auswahlkriterien für eine Online Marketing Agentur finden Sie auf Seite 126.

Google Universal Search

Was ist das?

Universal Search ist **eine Ergänzung zu bezahlten und „normalen" Suchergebnissen**, die durch die Platzierung spezieller Such- bzw. Zusatzergebnisse auf der Suchergebnisseite einen Mehrwert bietet. Sie erweitert die normalen Suchergebnisse beispielsweise mit News, Bilder, Videos, Blog-Beiträge, Google Maps bzw. Places für Unternehmen, Google Shopping oder Google Bücher. Diese Inhalte werden aus den wenig genutzten Spezialsuchen ausgelesen und platziert. Sie sind **besondere „EyeCatcher"**, die die Klickrate positiv beeinflussen.

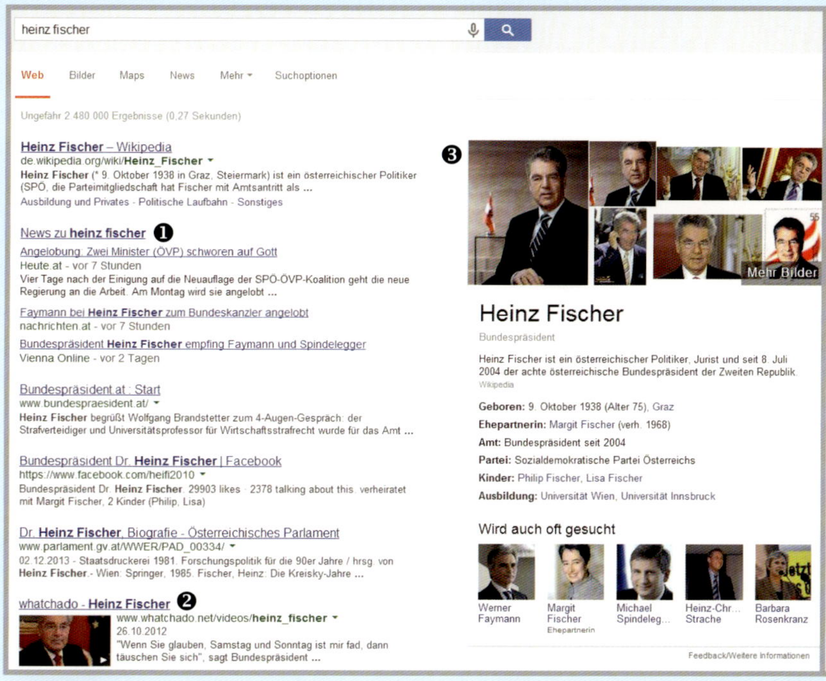

❶ News
❷ Video
❸ Knowledge Graph
(siehe Glossar)

Quelle: Google

Was bringt mir das?

- Sie erweitern die Suchmaschinenpräsenz für Ihr Unternehmen. Wenn ein Unternehmen bei so vielen Suchergebnissen wie möglich angezeigt wird, steigert dies die Präsenz und Reputation in den Suchergebnissen.
- Die Anzahl an möglichen organischen Anzeigen wird erhöht.
- Durch den höheren Komfort und Nutzen durch Zusatzinformationen für Suchende steigen meist die Zugriffe auf die Website (ausgenommen Bilder-Suche).
- Durch Universal Search Ergebnisse ist eine Verbesserung der Platzierung in den Suchergebnissen möglich. Diese erhöhen die Durchklickrate und bringen ebenfalls mehr Traffic auf die Website.

6 wichtige Bereiche der Universal Search im Überblick

1. Google Bildersuche

Quelle: Google

2. Google Videosuche

Yellow Submarine The Beatles - YouTube
www.youtube.com/watch?v=bM5Nli8m_kQ
24.02.2007 - Hochgeladen von Flipskater987654321
I've heard that about Gen-Xers. I don't listen to a lot of Beatles any more; to be honest, I was just past the big ...

Quelle: Google

3. Google News

News zu **heinz fischer**

Fischer fährt in den Iran
Kleine Zeitung - vor 14 Stunden
Wie es aus iranischen Kreisen heißt, laufen die Vorbereitungen für einen Besuch des österreichischen Bundespräsidenten **Heinz Fischer** im ...

Weitere Nachrichten für **heinz fischer**

Quelle: Google

4. Google Hotel Finder

Hotels in **Wien** auf Google — Anzeigen
Vergleichen Sie **Hotels** anhand von Bewertungen, Preisen, Fotos und Street View.

€ 47	Hostel & Guesthouse Kaiser 23	2-Sterne-Hotel	4,2 ★★★★	(29)
€ 48	MEININGER Hotel Wien Downtown Franz	3-Sterne-Hotel	4,7 ★★★★★	(20)
€ 60	Austria Trend Parkhotel Schönbrunn	4-Sterne-Hotel	4,3 ★★★★★	(28)
€ 99	Hotel de France Wien	5-Sterne-Hotel	4,4 ★★★★★	(18)

Quelle: Google

5.Google My Business (Details auf Seite 51)

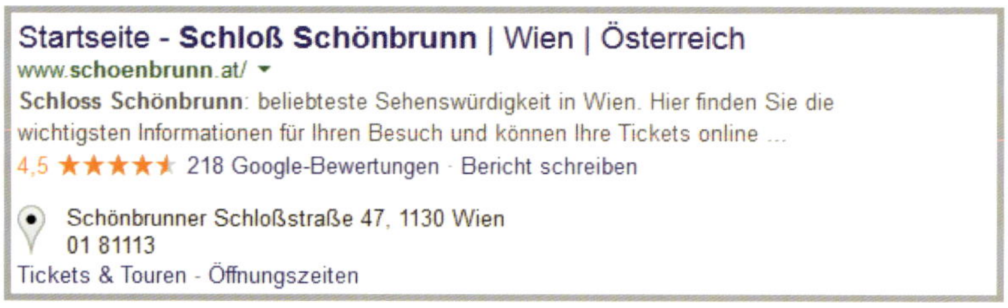
Startseite - **Schloß Schönbrunn** | Wien | Österreich
www.**schoenbrunn**.at/
Schloss Schönbrunn: beliebteste Sehenswürdigkeit in Wien. Hier finden Sie die wichtigsten Informationen für Ihren Besuch und können Ihre Tickets online ...
4,5 ★★★★★ 218 Google-Bewertungen · Bericht schreiben
Schönbrunner Schloßstraße 47, 1130 Wien
01 81113
Tickets & Touren - Öffnungszeiten

Quelle: Google

6.Google Blogsuche

10 SEO-Prognosen von Google-Guru **Matt Cutts** [Video] » t3n
[redacted]
t3n.de/news/10-seo-prognosen-google-guru-**matt**-465408/
von [redacted] - in 923 Google+ Kreisen
16.05.2013 - Woran arbeitet Google? Was erwartet die SEO-Szene in den kommenden Monaten? Diese und ähnliche Fragen beantwortete **Matt Cutts**, Chef ...

Quelle: Google

Neben diesen Bereichen gibt es noch weitere Ergebnisarten, wie Bücher, Diskussionen, Apps, Produktsuche, etc. Allerdings beschränken wir uns an dieser Stelle auf die nachfolgend vorgestellten Bereiche, da diese am meisten Verwendung finden und zu den Bekanntesten gehören.

Optimierung der Bilder für die Google Bildersuche

☑ **Achten Sie auf das richtige Format und die richtige Größe der Bilder.**

- Optimal: Bilder im Querformat, Verhältnis 4:3
- Hochformat wird in der Regel beschnitten oder skaliert
- Optimale Größe zwischen 320 x 240 Pixel und 1280 x 960 Pixel

☑ **Vergeben Sie passende Dateinamen.**

- Versehen Sie jede Grafik und jedes Bild mit sprechendem Dateinamen.
  Beispiel: Lederhandtasche.jpg anstatt DSC00123932.jpg

☑ **Vergeben Sie Alt-Texte.**

- Aussagekräftiger Alternativ-Text für jedes Bild und jede Grafik.
- Beschreibung des Bildinhaltes in max. 5 Wörtern.
  Google kann Bilder nicht „sehen" und erfasst den Bildinhalt über den Alt-Text.
- Keywords im Alt-Tag, einbauen aber kein „Keyword-Spamming".
- Beispiele:
  - Falsch: <img src="lederhandtasche.jpg" />
  - Richtig: <img src="lederhandtasche.jpg" alt="Lederhandtasche">
  - Optimal: <img src="lederhandtasche.jpg" alt="rote Lederhandtasche mit Zipp - Musterfirma">
  - Spam: <img src="lederhandtasche.jpg" alt="Lederhandtaschen Lederhandtasche günstig kaufen">
- Platzieren Sie das Keyword im Optimalfall auch im Seitentext, in unmittelbarer Nähe zum Bild und im Title-Attribut.

☑ **Vergeben Sie ein Title-Attribut.**

- Der Text wird beim Überrollen mit der Maus über das Bild angezeigt.
- Fügen Sie ebenfalls eine Bildbeschreibung und Keywords ein.
- Beispiel-Sourcecode: <img src="lederhandtasche.jpg" title="rote Lederhandtasche von Musterfirma">

Optimierung von Videos für die Google Videosuche

☑ **Verwenden Sie das richtige Videoformat und beachten Sie die Zugriffsmethode.**

- Google kann nicht jedes Format indexieren.
  Kompatibel sind: FLV, MP4, MOV, MPG, AVI, WMV
- Zugriff auf das Video muss per HTTP funktionieren.
- Videos, die einen Download erfordern, werden nicht indexiert.

☑ **Optimieren Sie die Videos für YouTube.**

- Spezifizieren Sie wichtige Attribute zum Video.
- Beachten Sie die Vorgaben, die im Kapitel „YouTube" behandelt werden (siehe Seite 108).

☑ **Weitere Tipps:**

- YouTube-Videos finden sich schneller im Google-Index wieder. Laden Sie das Video zuerst auf YouTube hoch und betten Sie es dann mit dem vorgegebenen Code aus YouTube auf Ihrer Website ein.
- Je mehr Aufrufe ein Video hat, desto eher erscheint es in der Universal Search.
- Das User-Feedback in Form von Kommentaren ist wichtig. Weisen Sie im Video darauf hin.
- Positive Bewertungen wirken positiv auf die Ausspielung in der Universal Search.
- Geben Sie Suchbegriffe (Keywords) in der Videobeschreibung ein (siehe Seite 108).
- Bieten Sie Transkripte der Videos an
- Verwenden Sie Keywords sinnvoll in den Dateinamen.
- Folgende Filme eignen sich besonders gut für die Video-Optimierung:
  - Produktvideos
  - Anleitungen (Zusammenbau, Reparatur, …)
  - Trainingsvideos
  - Anwendungsvideos
  - Videos aus dem Bereich Tourismus (Landschaftspräsentation, Wandermöglichkeiten, Sehenswürdigkeiten, ...)
  - Videos aus Hotels (Zimmer präsentieren, SPA-Bereich, Pool, ...)
  - Gute Image- und Werbevideos

5 Tipps, um bei Google News angezeigt zu werden

1. Melden Sie sich bei Google News an.

- Melden Sie Ihre Website als News-Quelle bei Google an unter: www.emagnetix.at/eh06
- Kriterien, die Sie vorab klären sollten:
  - Mindestens 3 Personen sollten News schreiben.
  - Täglich sollten mindestens 2 Newsbeiträge veröffentlicht werden.
  - Eine XML-News Sitemap sollte vorhanden sein (Infos unter: www.emagnetix.at/eh07).

2. Wählen Sie den richtigen Zeitpunkt für News.

- Die Beiträge müssen aktuell und neu sein.
- Beiträge werden in der Google-Suche dann ausgespielt, wenn auch andere Seiten über das Thema berichten.
- Richten Sie sich nach aktuellen Geschehnissen.
- WICHTIG: Versuchen Sie entweder die erste oder aktuellste Quelle zu einem Thema zu sein. Veröffentlichen Sie eventuell immer wieder News zum gleichen Thema.

3. Wählen Sie passende Inhalte und Überschriften.

- Sie können Agenturmeldungen mit eigenen Informationen erweitern.
- Wählen Sie gute Überschriften. Diese erhöhen die Klickrate auf die News.
- Die Überschriften sollten kurz, sachlich und informativ sein und den Besucher zum Lesen animieren.
- Verwenden Sie keine reinen Keywords-Überschriften oder hintergründige Überschriften. Keywords so verwenden, dass der Sinn für den Leser dadurch nicht beeinträchtigt wird.

4. Optimieren Sie den Seitenaufbau der News.

- Verwenden Sie eine einfache Seitenstruktur für Newsbeiträge.
- Richten Sie die Konzentration auf den Newsbeitrag an sich. Platzieren Sie möglichst wenig andere Inhalte auf der Seite, die den Lesefluss stören oder den Leser ablenken.
- Überschrift, Text und Bild sollten rasch als solche erkennbar sein und eine Einheit bilden.
- Verwenden Sie wenige Bilder und keine Galerien.

5. Stören Sie den Lesefluss nicht.

- Präsentieren Sie Inhalte ohne Unterbrechung.
- Stellen Sie erst nach den News andere Inhalte dar, um den Nutzer auf der Seite zu halten (z.B. ähnliche Beiträge, Hintergrundinformationen, ...).

4 Tipps, um mit dem eigenen Hotel in Google Hotel Finder zu erscheinen

1. Halten Sie Hotelinformationen aktuell.

- Aktualisieren Sie Kontaktmöglichkeiten, Bilder, etc. speziell in Google My Business (= Hauptinformationsquelle für Google Hotel Finder), aber auch in anderen Verzeichnissen.
- Korrigieren Sie fehlerhafte und veraltete Hotelinformationen.
- Sollten Informationen im Hotel Finder nicht richtig sein, melden Sie Google die Probleme und Unstimmigkeiten (direkt im Eintrag unter den Kontaktinformationen auf „Details bearbeiten“ klicken und Änderungen vorschlagen).

2. Stellen Sie so viel Information wie möglich bereit.

- Optimieren Sie den Google My Business Eintrag (siehe Seite 51).
- Erstellen Sie eine Verknüpfung mit der Google+ Seite oder erstellen Sie eine Google+ Seite.
- Prüfen Sie, ob die Daten in Google My Business und anderen Quellen (z.B. Website) übereinstimmen.

3. Verwalten Sie die Fotos des Hotels richtig.

- Fotos sind für die Nutzer des Google Hotel Finders sehr wichtig.
- Diese kommen aus dem Google My Business Eintrag, der Google+ Seite oder von VFM Leonardo

(Technologie Dienstleister in der Hotel Branche und Kooperationspartner von Google).
- Fotos aus den eigenen Einträgen können Sie beliebig hinzufügen oder löschen.
- Stimmen die Fotos von VFM Leonardo (sind als solche gekennzeichnet) nicht überein oder stellen das Hotel falsch dar, kontaktieren Sie VFM Leonardo: www.emagnetix.at/eh08

4. Entfernen Sie doppelte Einträge.
- Existieren Duplikate des eigenen Hotels, können diese über Google zusammengefügt bzw. entfernt werden.
- Hierzu einfach das Problem auf der eigenen Google My Business Seite über den Link „Für den Ort liegt ein anderer Eintrag vor“ melden.
- Oder nutzen Sie den Google Map Maker: www.google.com/mapmaker

8 Optimierungstipps für Blogs

1. Verwenden Sie Blogs als Alternative zu News.
- Vorteil von Blogs: keine separate Anmeldung bei Google notwendig.
- Wichtig ist die Relevanz und Aktualität der Einträge.

2. Stellen Sie die thematische Abgrenzung und Konsistenz sicher.
- Ein Blog sollte nur zu einem (gezielten) Thema geschrieben werden.
- Dadurch steigt die Relevanz für Suchmaschinen.
- Die Wahrscheinlichkeit der Anzeige in der Universal Search steigt ebenfalls.

3. Definieren und verwenden Sie Keywords.
- Verwenden Sie Keywords in Inhalten, Überschriften, URLs und wenn möglich in Title, Keyword und Description Tags. Oftmals gibt es Plugins (z.B. WordPress SEO by Yoast) dafür.
- Tipp: Vergeben Sie Keywords zu aktuellen Themen und verwenden Sie Google Trends. Mehr zur Recherche von Keywords erfahren Sie im Kapitel „Keywords“ auf Seite 22.

4. Optimieren Sie die Verlinkungen.
- Suchmaschinen bevorzugen Blogs, die intern gut verlinkt sind.
- Die Optimierung können Sie sich durch Plugins (z.B. Related Posts) erleichtern.
- Verweisen Sie zusätzlich auf externe Quellen.

5. Vergeben Sie sprechende URLs für Beiträge.
- Stellen Sie suchmaschinenfreundliche Adressen ein.
- Die URL sollte den Titel des Beitrages enthalten.
- Ebenso sollten Keywords im Titel und der URL enthalten sein.

6. Vermeiden Sie Duplicate Content.
- Die Inhalte dürfen nicht 1:1 kopiert werden.
- Duplicate Content beeinflusst das Ranking negativ und somit auch die Anzeige in der Universal Search.

7. Forcieren Sie Kommentare.
- Leser und Nutzer sollten zu Kommentaren motiviert werden.
- Animieren Sie Ihre Leser mit Call to Action oder stellen Sie Fragen in den Beiträgen.
- Möglichst viele Kommentare und Interaktionen stehen für Relevanz und Qualität.

8. Achten Sie auf Regelmäßigkeit, Aktualität und Qualität der Beiträge.
- Schreiben Sie aktuelle Beiträge über aktuelle Geschehnisse.
- Ihre Einträge müssen zu aktuellen Themen passen, um angezeigt zu werden.
- Es müssen regelmäßig neue Beiträge hinzugefügt werden.
- Die Beiträge müssen von guter Qualität (z.B. Rechtschreibung) sein.

Erfolgskontrolle

- Testen Sie die Anzeigen über manuelle Suchanfragen direkt in der Google-Suche.
- Verwenden Sie, wenn vorhanden, integrierte Tools (z.B. von Blogs, YouTube, Google My Business, ...), um Zugriffe zu messen und eventuelle Anstiege zu erkennen.
- Externe Tools, wie Advanced Webranking oder Sistrix (siehe Kapitel „Tools", S. 128), können auch Platzierungen der Universal Search Ergebnisse messen.
- Die Zugriffe sind auch über Google Analytics messbar.

Google My Business

(zuvor Google Places)

Was ist das?

Google My Business ermöglicht es Unternehmen, ihre **Unternehmensinformationen direkt in der Google-Suche, in Google Maps und auf Google+** zu platzieren. Die Unternehmensdaten werden in den organischen (unbezahlten) Ergebnissen angezeigt und auch mit der Website verknüpft. Mit der einfachen Benutzeroberfläche ist dieser kostenlose Service leicht zu verwalten und für Unternehmen, Orte oder Geschäfte nutzbar.

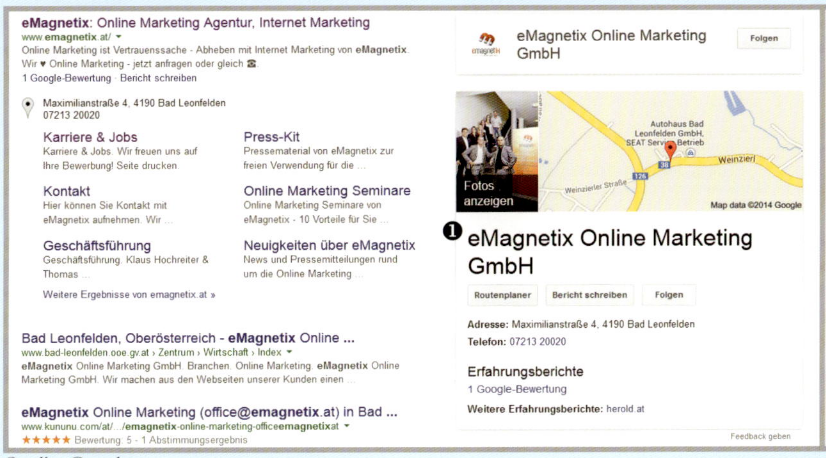

❶ Google My Business Eintrag

Quelle: Google

Was bringt mir das?

Google My Business ist der wichtigste Teil des Universal Search (S. 45) bei der regionalen Suche in Österreich. Sein Stellenwert steigt immer weiter.

- Die Verwendung von Google My Business bringt eine mögliche Verbesserung der Ergebnisposition in der normalen Google-Suche.
- Ihr Unternehmen ist in Google Maps besser auffindbar.
- Sie können die Einträge zu Ihrem Unternehmen in Google Maps um Zusatzinformationen wie Öffnungszeiten, Unternehmensbilder, Details, Telefonnummer, etc. erweitern und dadurch die Kontaktaufnahme zu Ihrem Unternehmen erleichtern.
- Angezeigte Bewertungen und Erfahrungsberichte zum Unternehmen dienen Nutzern zur Entscheidungsfindung (Verkaufsargument) und erregen Aufmerksamkeit.
- Google My Business Einträge werden auf allen Geräten (PC, Tablet, Mobiltelefon) angezeigt.
- Ihr Unternehmen wird regional gefunden. Zusätzlich zu den Suchanfragen über ein Keyword + Ortsangabe wird Ihr Unternehmen auch bei der Suche nach Dienstleistungen oder Branchen gefunden. Voraussetzung dafür ist, dass Google über Parameter, die auf den Standort schließen lassen, die Position bestimmen kann.

In 4 Schritten zum Google My Business Eintrag

1. Beim Google Konto anmelden

- Melden Sie sich mit Ihrem Benutzer auf der Google-Website an.
- Wenn Sie noch kein Google Konto haben, erstellen Sie ein neues Konto (siehe Seite 120).

2. Überprüfen, ob bereits ein Eintrag zum Unternehmen besteht

- Suchen Sie nach Ihrem Unternehmen in Google bzw. über Google Maps.

- Wird es nicht gefunden, fahren Sie mit Punkt 3 fort.
- Wird es gefunden, wählen Sie es aus der Liste aus.
- Geben Sie per Klick auf „Sind Sie der Geschäftsinhaber?“ bekannt, dass dies Ihr Unternehmen ist.
- Bestätigen Sie den Eintrag erst, wenn Sie ihn bearbeitet und aktualisiert haben.

3. Unternehmenseintrag erstellen

- Gehen Sie auf www.google.com/business

Quelle: Google My Business

- Klicken Sie auf „Google+ Seite erstellen“.
- Wählen Sie die Art Ihres Unternehmens aus.
- Suchen Sie erneut nach Ihrem Unternehmen. Wird es nicht gefunden, klicken Sie auf „Gesuchtes Unternehmen nicht angezeigt“.
- Fügen Sie die Unternehmensdaten gemäß dem Formular hinzu.
  Der Eintrag sollte wahrheitsgemäß und vollständig sein und mit anderen im Internet veröffentlichten Daten übereinstimmen, damit der Eintrag bestmöglich in Google angezeigt wird.
- Bestätigen Sie Ihre Eingaben.

4. Verifizieren des Eintrages

- Bestätigen Sie die Eigentümerschaft via Telefonanruf oder Postkarte.
- Google übermittelt einen PIN-Code, der die Inhaberschaft bestätigt (automatisierter Anruf: umgehend; per Postkarte: binnen 14 Tagen).
- Erst nach der Bestätigung der Inhaberschaft wird der Eintrag in den Suchergebnissen gelistet.

So optimieren Sie Ihren Google My Business Eintrag

☑ Zusätzlich passende Kategorien auswählen

- Kategorien sind von Google vordefinierte Bereiche, die mit Keywords gleichzusetzen sind. Diese Kategorien beeinflussen, zu welchen Suchanfragen das Unternehmen angezeigt wird.
- Die ausgewählten Kategorien sollten für das Unternehmen zutreffend sein.
- Es können keine eigenen Kategorien (mehr) definiert werden. Nur die vorgegebenen Kategorien können verwendet werden.

- Sie sollten keine angebotenen Produkte oder Dienstleistungen als Kategorien wählen, sondern die Art des Unternehmens an sich über die Kategorien beschreiben.

☑ **Weitere Unternehmensinformationen hinzufügen**

- **Prüfen Sie den Unternehmensnamen**.
  - Verwenden Sie keine Werbeslogans.
  - Verwenden Sie keine Ortsnamen.
  - Machen Sie nur wahrheitsgetreue Angaben.
- **Fügen Sie die Beschreibung des Unternehmens hinzu.**
  - Verfassen Sie keinen Werbetext, sondern beschreiben Sie Ihr Unternehmen objektiv und wahrheitsgetreu.
  - Machen Sie keine Aufzählungen von Produkten oder Dienstleistungen.
  - Bauen Sie eine kurze Zusammenfassung des Unternehmensangebotes ein. Verwenden Sie dafür die ausgewählten Keywords.
  - Ebenfalls sollte der Unternehmensstandort im Beschreibungstext enthalten sein.
- **Hinterlegen Sie Kontaktdaten und Öffnungszeiten.**
  - Je mehr Kontaktdaten desto besser. Vervollständigen Sie den Eintrag inklusive Telefonnummer, E-Mail-Adresse, Fax, …
  - Die angegebenen Kontaktdaten sollen mit denen der Website ident sein.
- **Binden Sie Fotos ein.**
  - Sie können bis zu 10 Fotos einpflegen.
  - Definieren Sie ein Profilfoto (Firmenlogo, Foto des Gebäudes, Produktfoto).
  - Die Bilder sollten von guter Qualität und mindestens 256 x 256 Pixel groß sein.
  - Die Fotos sollten ansprechend sein und das Unternehmen positiv widerspiegeln.

Erfolgskontrolle 1/2

- Verwenden Sie das integrierte Analyse Tool (zu finden unter www.google.at/mybusiness in der Übersicht des jeweiligen Eintrages).
  - Nutzen Sie die vorhanden Statistiken, um Informationen zur Anzahl an Zugriffen, Aktivität der Follower oder Anzahl der Follower zu erhalten.
  - Analysieren Sie, mit welchen Beiträgen Sie Interaktionen der Nutzer erreicht haben (Inhalte geteilt oder verlinkt).
  - Sehen Sie, wie groß die Reichweite Ihrer Beiträge war.
  - Analysieren Sie die Follower: Woher kommen sie? Was ist ihr Geschlecht und Alter?

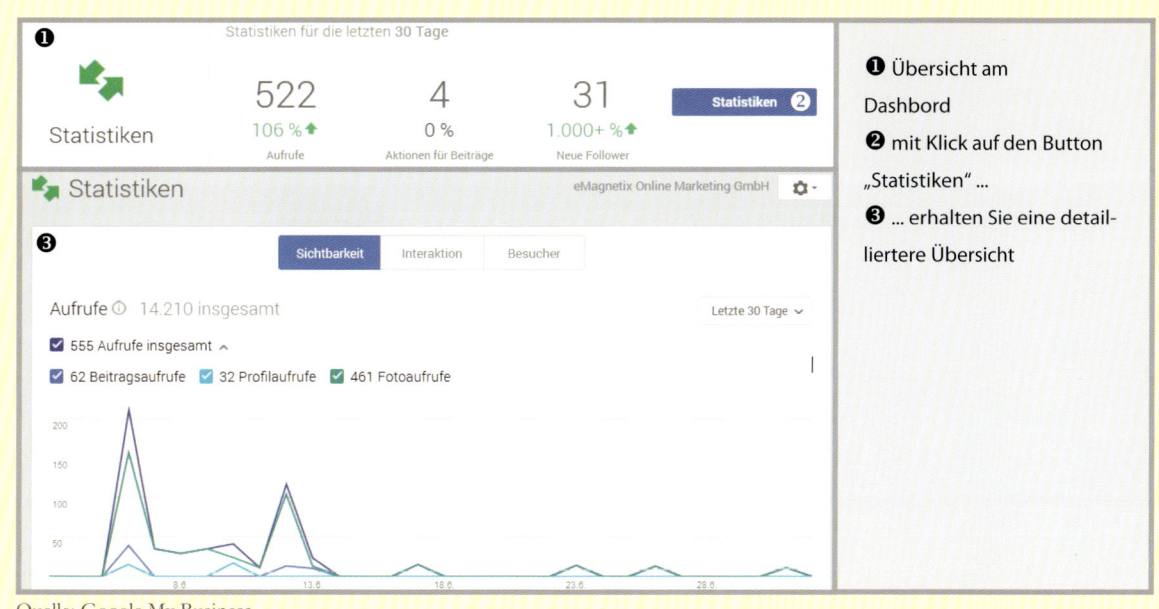

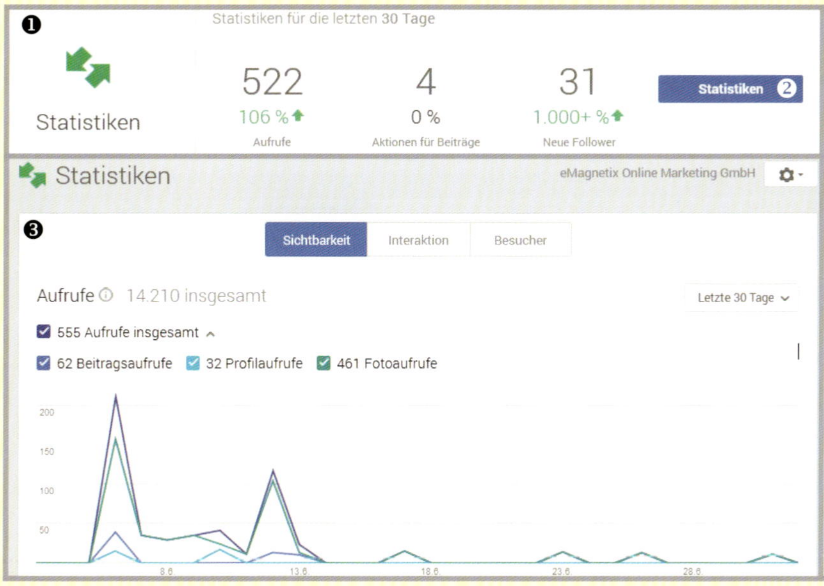

❶ Übersicht am Dashbord
❷ mit Klick auf den Button „Statistiken" …
❸ … erhalten Sie eine detailliertere Übersicht

Quelle: Google My Business

Erfolgskontrolle

2/2

- Prüfen Sie, ob der Eintrag richtig mit der Website verknüpft wird.

❶ Symbol für die richtige Verknüpfung der Website mit dem Google My Business-Eintrag

Quelle: Google My Business Eintrag, Das Central - Alpine . Luxury . Life

- Prüfen Sie, ob der Eintrag bei Suchergebnissen richtig angezeigt wird. Die Aktualisierung der Anzeige kann einige Wochen dauern.

Experten-Tipps

- Lassen Sie Ihr Unternehmen in den wichtigsten Branchenbüchern (S. 42) eintragen und warten Sie diese Einträge regelmäßig. Nehmen Sie diese Überprüfung wiederkehrend in eine Art „Qualitätssicherung" auf. Achten Sie darauf, dass diese Informationen ident zu den Einträgen bei Google My Business sind.
- Bitten Sie Nutzer Ihrer Website positive Bewertungen zu schreiben und moderieren Sie diese (Details dazu im Kapitel „Online Reputation Management" auf Seite 113).
    - Bitten Sie Partner und Lieferanten um Bewertungen.
    - Senden Sie Informationen nach Kauf/Abreise.
    - Machen Sie im Newsletter darauf aufmerksam.
    - Weisen Sie auf der Website darauf hin.
    - Erhöhen Sie die Bereitschaft zur (ehrlichen) Bewertung durch Rabatte, Gutscheine, ...
- Reagieren Sie auf Bewertungen und treten Sie mit den Kunden in Kontakt.
- Identifizieren und entfernen Sie Duplikate von weiteren Einträgen zu Ihrem Unternehmen.
- Nutzen Sie Banner-Bilder, Videos und Fotos direkt im Eintrag, um diesen so ansprechend wie möglich zu gestalten. Damit erregen Sie Aufmerksamkeit.

Google AdWords

Was ist das?

Auf der Suchergebnis-Seite von Google kann man in bestimmten Bereichen bezahlte Textanzeigen schalten. Je nach Anzahl der Mitbewerber kann die Menge der bezahlten Anzeigen variieren. Ob, wo und wie oft die Anzeige platziert wird, hängt von unterschiedlichen Faktoren (Tagesbudget, Qualitätsfaktor, gewählter Klickpreis, ...) ab.

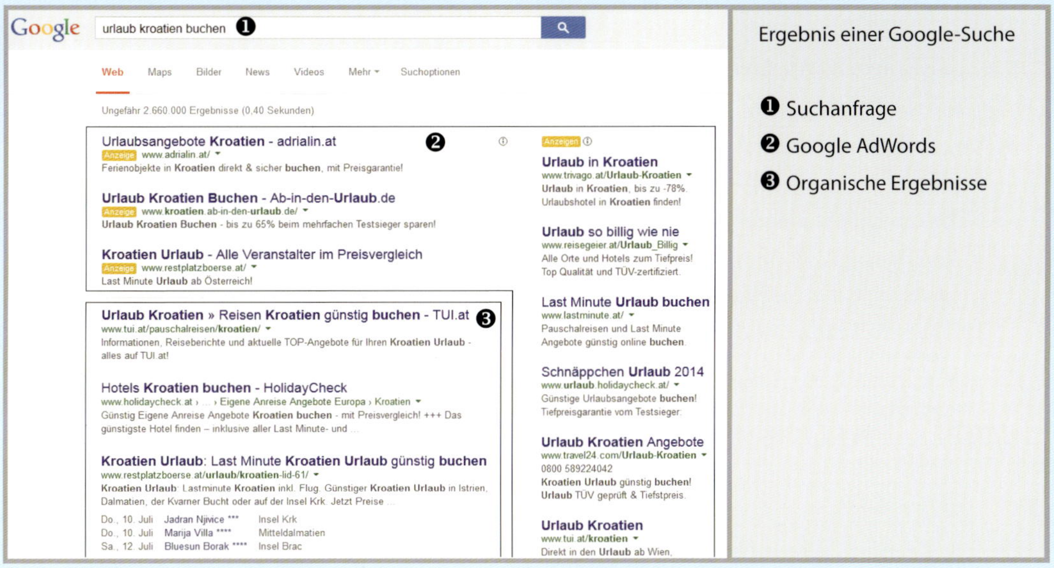

Quelle: Google

Was bringt mir das?

- Ihre Anzeigen werden nur angezeigt, wenn jemand nach bestimmten Begriffen sucht.
- Sie bezahlen nur, wenn tatsächlich auf die Anzeige geklickt wird.
- Sie erzielen mit Suchmaschinenwerbung schnelle Erfolge. Die Position in den Suchmaschinenergebnissen kann erkauft und muss nicht erarbeitet werden.
- Sie steigern den Besucher-Traffic auf der eigenen Website.
- Sie gewinnen bereits für wenig Geld potentielle Kunden über Google AdWords (= Umsatz). Wer nicht gefunden wird, macht kein Geschäft (sondern die Konkurrenz)!
- Durch die vermehrte Ausspielung von Anzeigen, bleibt dem Konsumenten Ihre Marke unterbewusst in Erinnerung. Dies führt zur Wertsteigerung der Marke (Branding-Effekt).
- Durch die genaue Zielgruppenorientierung haben Sie geringe Streuverluste.
- Online haben Sie eine große Reichweite und können durch die regionale Ausrichtung gezielt potentielle Kunden erreichen.
- Über die Produkte von Google haben Sie eine genaue Kostenkontrolle und eine detaillierte Erfolgsmessung (siehe „Google Analytics“ auf Seite 29).

In 10 Schritten zur AdWords-Kampagne

1. Eröffnen Sie ein Google Konto (siehe Seite 120)

oder loggen Sie sich bei bestehendem Google Konto gleich direkt unter www.google.at/adwords ein. Folgen Sie den Anweisungen Schritt für Schritt.

2. Kosten & Abrechnung

Kosten entstehen entweder durch einen Klick auf Ihre Anzeige (CPC) oder Sie bezahlen im Display-Netzwerk via CPM (Kosten pro 1.000 Impressionen).

- Ihre Registrierung ist kostenlos. Die Konto-Aktivierung erfolgt nach der Auswahl der Zahlungsmethode.
- Wählen Sie die gewünschte Zahlungsmethode.
  - Nachzahlung (Bankeinzug oder Kreditkarte)
  - Vorauszahlung (Überweisung oder Kreditkarte)
- Übermitteln Sie Ihre Zahlungsinformationen. Das Konto wird sofort freigeschaltet und aktiviert.
- Wenn Sie einen Gutscheincode haben, können Sie diesen unter „Abrechnung" eingeben.

3. Kampagnenstruktur festlegen

Die Grund-Einstellungen sind nur auf Kampagnenebene möglich.

- Im Idealfall gleicht die AdWords-Struktur Ihrer Website-Struktur.
  - So ist eine bessere Messbarkeit und Optimierung der einzelnen Kampagnen möglich.
  - Es ermöglicht eine bessere Aufteilung des Budgets auf einzelne Themen/Kampagnen.
  - Es erleichtert die Vergabe und Optimierung der Klickpreise pro Thema.
  - Dadurch haben Sie eine einfachere Verwaltung des AdWords Kontos.

  Beispiel: Website mit 4 Schwerpunkten

Quelle: www.gmachl.com

  - Kampagne A: Hotel + Standort: Hotel Salzburg
  - Kampagne B: Wellness + Standort: Wellnesshotel Salzburg
  - Kampagne C: Gourmet + Standort: Gourmethotel Salzburg
  - Kampagne D: Romantik + Standort: Romantikhotel Salzburg
- Übersicht und Beispiel einer Kampagnen-Struktur

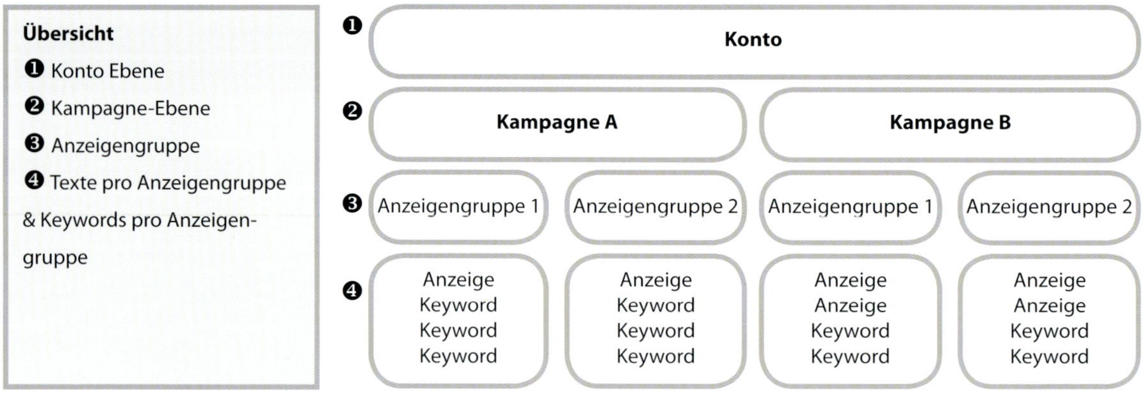

- Ebene 1: Konto Ebene (Konto wird einmalig erstellt)
- Ebene 2: Kampagnen-Ebene (bestenfalls gleich mit Website-Struktur)
- Ebene 3: Anzeigengruppen-Ebene (Aufteilen auf einzelne Bereiche)
  - Kampagne A:
    - Anzeigengruppe 1: Hotel Salzburg
    - Anzeigengruppe 2: Urlaub Salzburg
  - Kampagne B:
    - Anzeigengruppe 1: Wellnesshotel Salzburg
    - Anzeigengruppe 2: Wellnessurlaub Salzburg
- Ebene 4: Texte pro Anzeigengruppe, die thematisch zu den hinterlegten Keywords und zum gewählten Thema der Kampagne und der Anzeigengruppe passen.

4. Einstellungen und Tagesbudget auf Kampagnenebene

Diese Definitionen werden im Bereich „Einstellungen“ vorgenommen.

Quelle: Google AdWords

- Vergeben Sie einen Kampagnennamen. Beispiel: Wellness Salzburg
- Wählen Sie ein Werbenetzwerk.
  - **Auswahl „Google-Suche“**
    Bei dieser Auswahl werden die Anzeigen nur auf der Google-Suchseite angezeigt. Die Anzeige erfolgt ohne Display-Netzwerk. Es ist wichtig, dass Sie diese trennen! Als Standard ist beides zusammen eingestellt.
  - **Auswahl „Google Display-Netzwerk“**
    Bei dieser Auswahl werden alle Websites verwendet, die Google-Anzeigen zulassen. Google wählt themenrelevante Seiten für die gebuchten Keywords aus und platziert dort die Anzeigen. Für diese Auswahl sollte man eigene Kampagnen erstellen, die nur für diese Seiten gedacht sind und beim Typ „Nur Google Display-Netzwerk“ auswählen. Bei den Keyword-Optionen (Details dazu S. 59) „weitgehend passend“ auswählen. Möglich ist eine Schaltung von Textanzeigen und Banner-Anzeigen (Richtlinien für Banner-Anzeigen im Google Display Netzwerk: www.emagnetix.at/eh01)
  - **Unterschied Google-Suche und Display-Netzwerk:**
    - Google-Suche = Bedarfsdeckung: Der potentielle Kunde sucht nach dem Begriff „Wellnesshotel Salzburg“ und bekommt die passenden Anzeigen aufgelistet.
    - Google Display-Netzwerk = Bedarfsweckung: Der potentielle Kunde surft auf einer themenrelevanten Seite und bekommt spezielle Anzeigen, die sein Interesse wecken sollen.
      Beispiel: Eine Website zum Thema Wellness, auf der AdWords-Anzeigen zum Thema Wellness angezeigt werden können. Das Google Display-Netzwerk erreicht lt. Google 80 - 90 % der deutschsprachigen Nutzer.

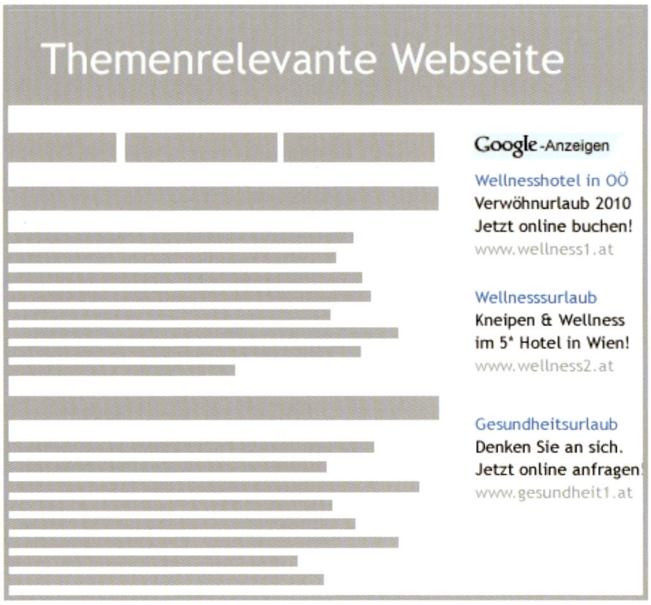

Quelle: Google

- Wählen Sie die Geräte aus, auf denen Ihre Anzeigen geschaltet werden sollen.
  Die Auswahl „alle" bezieht sich auf Desktop-PC, Tablet und Mobilgeräte. Mobilgeräte können mit der Einstellung „-100%" deaktiviert werden.
- Wählen Sie die Standorte.
  Die Anzeigen werden nur Personen angezeigt, die sich aktuell am festgelegten Standort befinden. Beispiel Standort: Region Wien – die Anzeigen erscheinen nur bei Personen, die sich tatsächlich in Wien und Umgebung aufhalten.
- Behalten Sie bei den Standortoptionen die Standardeinstellungen bei.
- Wählen Sie bei den Spracheinstellungen „Deutsch und Englisch" aus. Viele Nutzer verwenden einen Browser mit der Spracheinstellung „Englisch". Diese würden die Anzeige nicht erhalten, wenn bei Sprache nur „Deutsch" ausgewählt wird.
- Lassen Sie bei der Gebotsstrategie die Standardeinstellungen (Gebote für Klicks manuell festlegen) ausgewählt.
- Legen Sie das Tagesbudget pro Kampagne fest. Mehr wird pro Tag nicht ausgegeben. Wenn Sie also ein monatliches Budget von € 300 haben, geben Sie hier € 10 ein.
- Stellen Sie den maximalen CPC (Klickpreis) ein (auf Anzeigengruppen-Ebene). Es gibt auch noch die Möglichkeit einen maximalen CPM (Kosten pro 1.000 Impressionen) festzulegen.

5. Definition/Recherche (Details siehe Seite 22)

Im Bereich „Keywords" fügen Sie die Keywords ein, mit denen Sie gefunden werden wollen.

- **Allgemeine Recherche-Tipps** speziell für Google AdWords:
  - Die Keyword-Recherche und eine Strukturierung der Keywords bilden das Fundament.
  - Benutzen Sie Ihren Hausverstand und versetzen Sie sich in Ihren Kunden hinein.
  - Verwenden Sie definierte Keywords nur einmal im Konto.
  - Schließen Sie unnötige Klicks aus. Verwenden Sie negative Keywords für Begriffe, mit denen Sie nicht gefunden werden wollen.
  - Verwenden Sie Keyword-Tools und erweitern Sie die Keywordliste durch
    - Pluralformen: Wellnesshotel Salzburg > Wellnesshotels Salzburg
    - Spiegelungen: Wellnesshotel Salzburg > Salzburg Wellnesshotel
    - Synonyme und andere Schreibweisen
    - Umlaute
    - Rechtschreibfehler: Testen Sie auch das Keyword „Welness"
    - Kombinieren Sie Keywordlisten einfach mit: www.emagnetix.at/eh21

- **Gruppieren Sie die Keywords** nach Themen und listen Sie diese auf.

Wellnesshotel Österreich	Wellnessotel Salzburg	Hauben-restaurant	Mittagsmenüs
Wellnessurlaub	Wellnesshotels Salzburg	Restaurant Salzburg	Mittagessen Salzburg
Wellnesshotel	Wellnesshotel Salzburg	Essen Salzburg	Mittagsmenü Salzburg
Wellnesshotel Österreich	Wellnesshotel in Salzburg	Haubenrestaurant Salzburg	Mittagstisch in Salzburg
Wellnesshotels Österreich	Wellnesshotel in Salzburg buchen	Gut essen in Salzburg	Mittag essen Salzburg
Wellnesshotel in Österreich	Wellness Hotel Salzburg		Mittag Menü Salzburg
Wellness-wochenende			

- **Beachten Sie die Keyword-Optionen**, damit Sie Ihre Zielgruppe genauer treffen und das Budget besser einsetzen. Beispiel: Keyword „Wellnesshotel Salzburg“
  - Weitgehend passend: Hier ist keine spezielle Zeichensetzung vor und nach den Keywords notwendig. Diese Option hat die höchsten Streuverluste, da natürlich viele Suchanfragen dabei sein werden, die nicht auf Ihr Angebot zutreffen. Beispiel-Suchanfrage, bei der die eigene Anzeige platziert werden kann: günstiges Wellnesshotel in der Nähe von Salzburg gesucht – Die Begriffe können VOR, ZWISCHEN und NACH dem eigentlichen Keyword stehen. Auch Synonyme, Falschschreibweisen und Pluralformen sind möglich.
  - Passende Wortgruppe: Hier müssen Sie die Keywords zwischen Anführungszeichen setzen. Beispiel-Suchanfrage, bei der die eigene Anzeige platziert werden kann: Wellnesshotel Salzburg buchen – Die Begriffe können VOR oder NACH dem Keyword stehen.
  - Genau passend: Hier müssen Sie die Keywords in eckigen Klammern schreiben. Beispiel-Suchanfrage, bei der die eigene Anzeige platziert werden kann: NUR Wellnesshotel Salzburg – Anzeige NUR bei dem genau passenden Keyword.

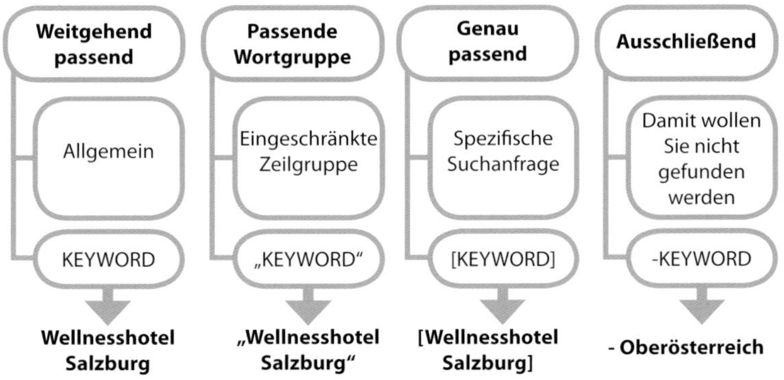

6. Schreiben der Anzeigetexte

Schreiben Sie die Texte im Bereich „Anzeigen“.

- Ihre Texte müssen zum Klicken animieren!
- Verwenden Sie Call to Action – eine Handlungsaufforderung (kaufen, bestellen, buchen, ...).
- Was macht mein Mitbewerber? Holen Sie Anregungen, aber kopieren Sie nicht (auch z.B. aus den USA).
- Beachten Sie die redaktionellen Richtlinien:
  - GROSSSCHREIBUNG bei max. einem Wort (kann auch von Google abgelehnt werden)
  - ! oder ? jeweils 1x verwendbar
  - wenige Wortwiederholungen – wenn überhaupt von Keywords
- Weitere Infos zu den redaktionellen Richtlinien unter: www.emagnetix.at/eh09

- **Verwenden Sie Keywords in der Überschrift.**
  Bei der Verwendung im Anzeigentext wird das Keyword fett dargestellt. Zusätzlich ist es von großer Wichtigkeit für die Nutzererfahrung. Eine passende Überschrift erhöht die Aufmerksamkeit und die Klickrate. Keywords in der Anzeige sind auch wichtig für den Qualitätsfaktor im Konto.

Quelle: Google

Quelle: Google

- **Anzeige-URL ≠ Ziel-URL**
  - Anzeige URL = „schöne" URL mit Keyword versehen (max. 35 Zeichen)
  - Ziel-URL = komplette URL der Zielseite (max. 1.024 Zeichen)
- **Wählen Sie eine passende Zielseite** (siehe Kapitel „Landingpages" auf Seite 68).
  Wählen Sie eine Zielseite, die auch die Aussagen im Anzeigentext widerspiegelt und Angebote und Preise enthält.
- **Platzieren Sie** z.B. Preise, Termine und Top-Angebote.
- Beispiel und Erklärung:

Quelle: Google

- **Vorsicht mit fremden Marken**
  - Die Buchung fremder Marken als Keyword ist prinzipiell von Google nicht verboten, ist aber eine rechtliche Grauzone. Man muss sich darüber im Klaren sein, dass es mit Konkurrenten zu Problemen kommen kann.
  - Die Schaltung fremder Marken in den Anzeigentexten kann zu rechtlichen Problemen führen und muss unterlassen werden. Besondere Vorsicht ist bei der Verwendung von Keyword-Insertion (siehe „Experten-Tipps" auf Seite 65) geboten. Hier kann es zu einer Schaltung der fremden Marke kommen!
- **Testen Sie mindestens zwei unterschiedliche Anzeigentextvarianten** (A/B-Testing). Kontrollieren Sie laufend, welche Variante besser funktioniert (Klickrate, Anzeigenrang, welche Anzeige wird öfter geschaltet, ...).

7. Qualitätsfaktor beachten

Der Qualitätsfaktor setzt sich beispielsweise aus der Qualität bzw. Relevanz der Landingpage, aus der bisherigen Klickrate des Keywords, der Anzeige und der URL (wie oft das Keyword, die Anzeige und die URL zu Klicks führten), der Relevanz des Keywords und der Anzeigen für die Suchanfrage und weiteren Kriterien wie z.B. den Anzeigenerweiterungen zusammen.
Google hat einen Qualitätsfaktor, der von 1 (sehr schlecht) bis 10 (sehr gut) geht. Durch Qualität erreicht man Relevanz und dadurch bessere Positionen zu günstigeren Preisen. Cost per Click (CPC) und der Qualitätsfaktor

bestimmen somit die Anzeigenposition! Hat man einen guten Qalitätsfaktor, kann man selbst mit geringem CPC eine höhere Position erreichen.

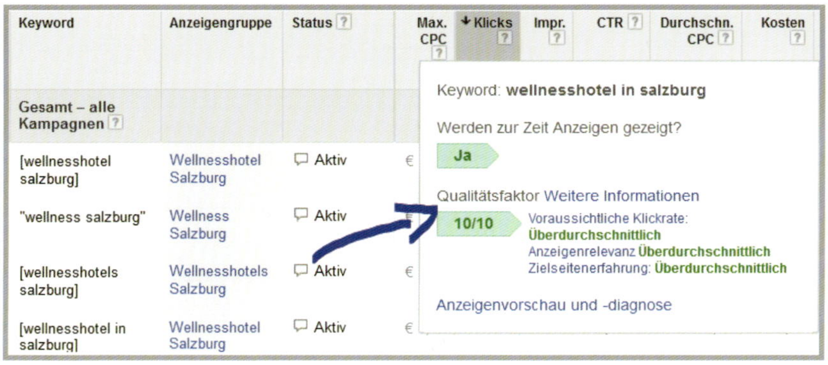

Quelle: Google AdWords

8. Erweiterungen

Diese Erweiterungen sind optional einzugeben und können im Bereich „Anzeigenerweiterungen" verwaltet werden.

- **Sitelinks** (max. 25 Zeichen)
  - Die Anzeige nimmt mehr Platz ein. Das bedeutet mehr Aufmerksamkeit und eine höhere Klickrate.
  - Weitere Vorteile und Angebote können angepriesen werden.
  - Mehrzeilige Sitelinks sind möglich.

Quelle: Google

- Max. 25 Zeichen für Überschrift
- Max. 35 Zeichen pro Beschreibungs-Zeile

Quelle: Google

- **Anruferweiterung:** Die Telefonnummer oder ein „Anrufen"-Button erscheint in der Anzeige.

- Desktop (wird auf PC, Laptop und Co. angezeigt)

Quelle: Google

- Smartphone (wird nur auf mobilen Endgeräten angezeigt)

Quelle: Google AdWords

Quelle: Google

- **Standorterweiterung:** ein Google My Business-Eintrag ist nötig. Die Adresse erscheint in der Anzeige.

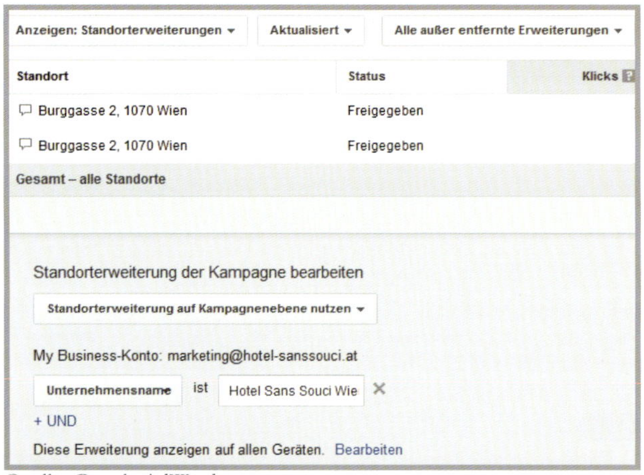

Quelle: Google AdWords

Quelle: Google

9. Aktivierung der Kampagnen

- Definieren Sie die maximalen Tagesbudgets pro Kampagne.

●	Kampagne	Budget ?	Status ?
●	DE_Wellness_Salzburg	€ 50,00/Tag	Aktiv

Quelle: Google AdWords

- Vergeben Sie die maximalen CPC Gebote (Maximalpreis, der für einen Klick zu bezahlen ist).

❶ Eingabe max. CPC

Keyword	Status	Max. CPC
Gesamt – alle Anzeigengruppen		
[wellnesshotel salzburg]	Aktiv	€ 0,50 ❶
[salzburg wellnesshotel]	Aktiv	€ 0,50

Quelle: Google AdWords

- Die Position Ihrer Anzeige hängt vom Klickpreis, von der Klickrate und der Relevanz ab. Behalten Sie die Klickrate und die Kosten im Auge.

Klicks ↓	Impr.	CTR ❶	Durchschn. CPC ❷	Kosten	Durchschn. Pos.
258	1.308	19,72 %	€ 0,25	€ 64,35	1,5

❶ Klickrate
❷ Klickpreis

Quelle: Google AdWords

10. Laufende Kontrolle und Optimierung

☑ **Verwenden Sie Google Analytics** und vergleichen Sie die Kampagnen-Ergebnisse.
Stellen Sie Kampagnen, die funktionieren, auch mehr Budget zur Verfügung.
Achten Sie auch auf qualitative Zahlen, wie die Absprungrate und die Kosten pro Conversion.

☑ **Passen Sie die Klickpreise laufend an.** Eine Top-3-Anzeigenposition ist vielleicht wünschenswert, aber kein Muss. Oft genügt auch eine Anzeigenposition auf der rechten Seite, wo man günstigeren Traffic einkaufen kann.

☑ **Passen Sie das Kampagnenbudget** Ihren Zielen entsprechend **laufend an.**

☑ **Testen und Optimieren.**
Testen Sie die Kampagnen und machen Sie A/B-Tests von Landingpages. Eine laufende Optimierung und Anpassung von CPC-Geboten und Keywords ist dringend zu empfehlen (mit Google Analytics).

☑ **Keywords kontrollieren.**

- Klickrate: Identifizieren Sie unpassende Keywords und sortieren Sie diese aus.
- Positionen: Kontrollieren Sie die Positionen und passen Sie den CPC an. Wenn Sie den CPC erhöhen, werden die Keyword-Positionen voraussichtlich steigen und mehr Besucher darüber kommen.
- Blenden Sie bei den Spalten den Qualitätsfaktor ein und kontrollieren Sie diesen pro Keyword. Sortieren Sie unpassende Keywords aus.
- Unter „Suchbegriffe“ „Alle“ auswählen.
  Hier ist ersichtlich, welche Begriffe tatsächlich gesucht worden sind. Wählen Sie neue Keywords und schließen Sie unpassende Keywords aus.

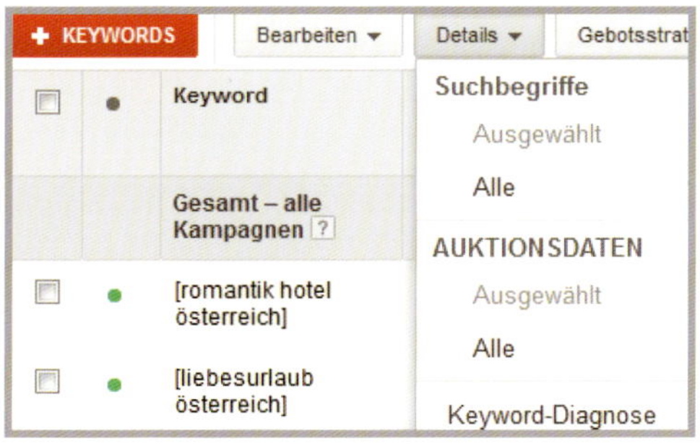

Quelle: Google AdWords

☑ **Kontrollieren Sie die Anzeigen.**

- Status (abgelehnt ja/nein)
- Klickraten-Vergleich bei Anzeigen: Pausieren Sie nicht funktionierende Anzeigen und erstellen Sie neue Anzeigen.
- Sind Texte, Angebote, Preise noch aktuell?
- Funktionieren die Zielseiten (Landingpages)?

☑ **Kontrollieren Sie die Sitelinks auf ihren Status.**
Wenn ein Sitelink abgelehnt wurde, kontrollieren Sie diesen auf Einhaltung der Richtlinien und korrigieren Sie den Link entsprechend.

Erfolgskontrolle

Verknüpfen Sie Google AdWords und Google Analytics
www.google.com/analytics (siehe auch Kapitel „Google Analytics" auf Seite 29)

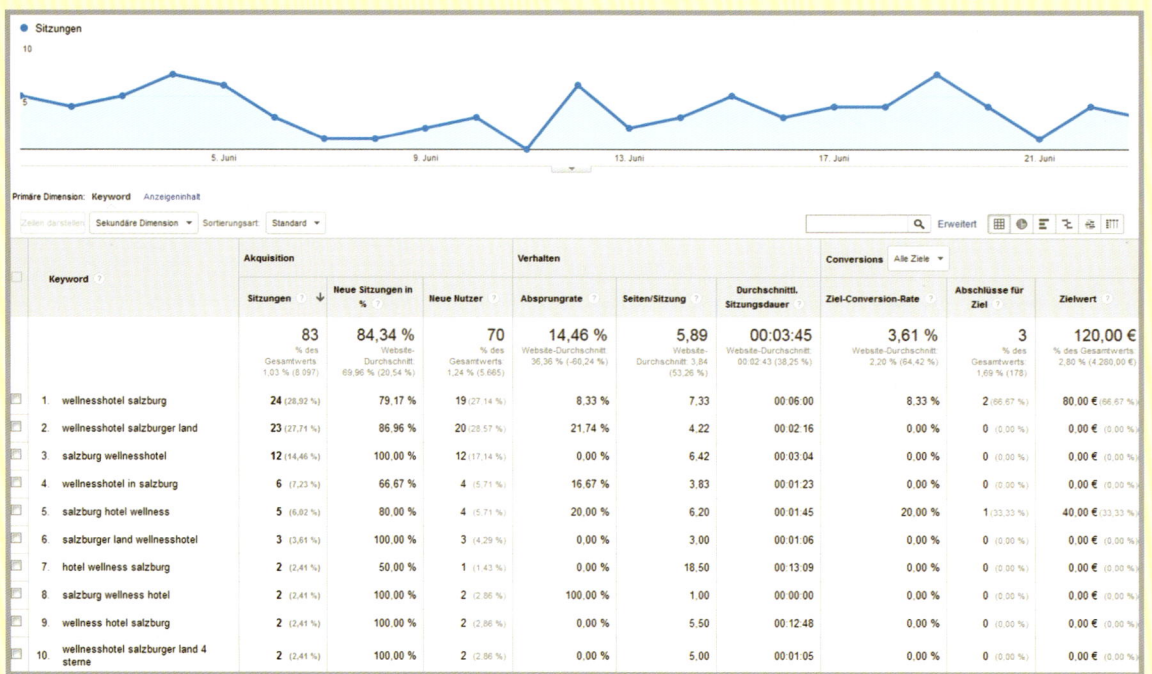

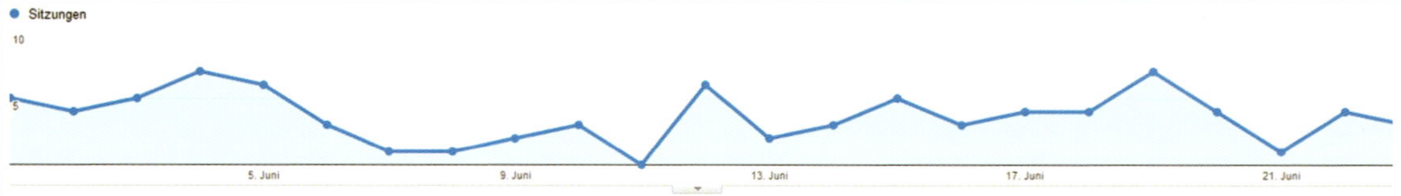

Primäre Dimension: Keyword Anzeigeninhalt

Zeilen darstellen | Sekundäre Dimension | Sortierungsart: Standard | Erweitert

	Keyword	Akquisition			Verhalten			Conversions Alle Ziele		
		Sitzungen	Neue Sitzungen in %	Neue Nutzer	Absprungrate	Seiten/Sitzung	Durchschnittl. Sitzungsdauer	Ziel-Conversion-Rate	Abschlüsse für Ziel	Zielwert
		83 % des Gesamtwerts: 1,03 % (8.097)	84,34 % Website-Durchschnitt: 69,96 % (20,54 %)	70 % des Gesamtwerts: 1,24 % (5.665)	14,46 % Website-Durchschnitt: 36,36 % (-60,24 %)	5,89 Website-Durchschnitt: 3,84 (53,26 %)	00:03:45 Website-Durchschnitt: 00:02:43 (38,25 %)	3,61 % Website-Durchschnitt: 2,20 % (64,42 %)	3 % des Gesamtwerts: 1,69 % (178)	120,00 € % des Gesamtwerts: 2,80 % (4.280,00 €)
1.	wellnesshotel salzburg	24 (28,92 %)	79,17 %	19 (27,14 %)	8,33 %	7,33	00:06:00	8,33 %	2 (66,67 %)	80,00 € (66,67 %)
2.	wellnesshotel salzburger land	23 (27,71 %)	86,96 %	20 (28,57 %)	21,74 %	4,22	00:02:16	0,00 %	0 (0,00 %)	0,00 € (0,00 %)
3.	salzburg wellnesshotel	12 (14,46 %)	100,00 %	12 (17,14 %)	0,00 %	6,42	00:03:04	0,00 %	0 (0,00 %)	0,00 € (0,00 %)
4.	wellnesshotel in salzburg	6 (7,23 %)	66,67 %	4 (5,71 %)	16,67 %	3,83	00:01:23	0,00 %	0 (0,00 %)	0,00 € (0,00 %)
5.	salzburg hotel wellness	5 (6,02 %)	80,00 %	4 (5,71 %)	20,00 %	6,20	00:01:45	20,00 %	1 (33,33 %)	40,00 € (33,33 %)
6.	salzburger land wellnesshotel	3 (3,61 %)	100,00 %	3 (4,29 %)	0,00 %	3,00	00:01:06	0,00 %	0 (0,00 %)	0,00 € (0,00 %)
7.	hotel wellness salzburg	2 (2,41 %)	50,00 %	1 (1,43 %)	0,00 %	18,50	00:13:09	0,00 %	0 (0,00 %)	0,00 € (0,00 %)
8.	salzburg wellness hotel	2 (2,41 %)	100,00 %	2 (2,86 %)	100,00 %	1,00	00:00:00	0,00 %	0 (0,00 %)	0,00 € (0,00 %)
9.	wellness hotel salzburg	2 (2,41 %)	100,00 %	2 (2,86 %)	0,00 %	5,50	00:12:48	0,00 %	0 (0,00 %)	0,00 € (0,00 %)
10.	wellnesshotel salzburger land 4 sterne	2 (2,41 %)	100,00 %	2 (2,86 %)	0,00 %	5,00	00:01:05	0,00 %	0 (0,00 %)	0,00 € (0,00 %)

Quelle: Google Analytics

Im vorhergehenden Screenshot sieht man beispielsweise, über welche Keywords Besucher auf die Seite kommen, wie lange sie auf der Seite bleiben oder welche Conversion-Ziele sie abgeschlossen haben. **Die wichtigsten Vorteile/Möglichkeiten im Überblick:**

- Analyse von Zugriffen auf die Website (auch unbezahlte).
- Kontrolle und Optimierung von AdWords Kampagnen und Keywords.
  Ergebnisse für jedes gebuchte Keyword sind einsehbar.
- Qualitative Zahlen wie Absprungraten, besuchte Seiten und weitere Analysedaten helfen, die Kampagnen zu optimieren und weiterzuentwickeln.
- Conversion-Ziele einrichten (siehe Kapitel „Google Analytics" auf Seite 30).
- Welche Keywords liefern Conversions und welche nicht?
- Fragen und Antworten zu Google Analytics (Google Hilfe): www.emagnetix.at/eh10

Experten-Tipps

1/4

Google AdWords Editor verwenden: www.emagnetix.at/eh26
Der Google AdWords Editor ist eine kostenlose Offline-Anwendung von Google, die Sie herunterladen und zur effizienten Verwaltung Ihrer AdWords-Konten einsetzen können. Sie können einzelne Kampagnen herunterladen, diese mit dem AdWords Editor ändern und anschließend wieder in AdWords hochladen.

Eigenen Brand als Keyword buchen (z.B. Sans Souci Wien).
Um vor Portalen wie z.B. Booking.com oder Konkurrenten zu stehen, die Ihren Brand buchen, sollten Sie Ihre Marke (Brand) als Keyword buchen und die User direkt auf Ihre Website lenken. Gleichzeitig erhöhen Sie die Besucher bzw. Buchungen auf der eigenen Website.

Experten-Tipps 2/4

Brand ist **fett** hervorgehoben

Quelle: Google

Wenn im **Display-Netzwerk** geschaltet wird, legen Sie eine extra Kampagne an, die NUR im Display-Netzwerk platziert wird und wählen Sie die Keywordoption „weitgehend passend".

Banner können ganz einfach via **Ready-Ads** in Google AdWords erstellt werden (siehe Grafik):

1. Display Kampagne erstellen
2. Anzeige -> Bildanzeige
3. Anzeige erstellen -> Website wird gescannt, Vorschläge werden gemacht (anpassbar)

Quelle: Google AdWords

Sollen **Anzeigen auch auf mobilen Geräten** (Smartphones) angezeigt werden? Wenn Sie das nicht wünschen, stellen Sie in der Gebotsanpassung -100% ein.

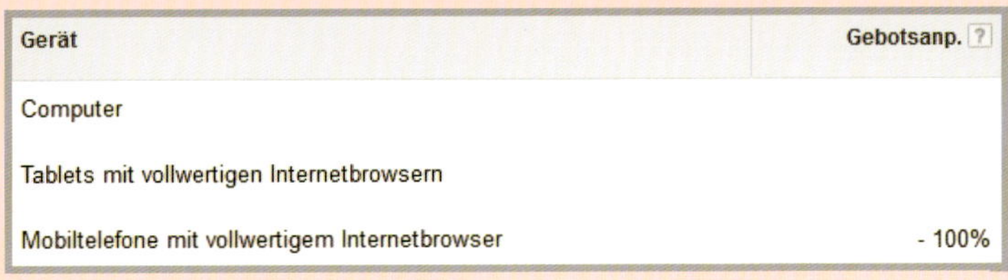

Gerät	Gebotsanp.
Computer	
Tablets mit vollwertigen Internetbrowsern	
Mobiltelefone mit vollwertigem Internetbrowser	- 100%

In der Kampagne auf „Einstellungen" > „Geräte"

Quelle: Google AdWords

Dynamic Keyword Insertion verwenden.

Dynamic Keyword Insertion hilft dabei, Anzeigen für potentielle Kunden relevanter zu machen, und erleichtert es gleichzeitig, individuelle Anzeigen für eine Vielzahl von Keywords zu erstellen.

- AdWords-Funktion, bei der ein Keyword, das den Suchbegriffen eines Nutzers entspricht, automatisch in den Anzeigentext übernommen wird.
- Verwendet ein Nutzer eines der Keywords in einer Suchanfrage, wird der verwendete Code automatisch durch das Keyword ersetzt, das die Anzeigenschaltung ausgelöst hat.
- Mithilfe dieser Funktion kann die Anzeige je nach Suchbegriffen der Nutzer anders erscheinen, sodass die Anzeigen relevanter sind. Das steigert die Klickrate!
- Das Top-Keyword der Anzeigengruppe wird in geschwungenen Klammern und mit dem Code {KeyWord:Beispiel-Keyword} in der Anzeigenüberschrift eingebaut.
- Ist die Suchanfrage länger als 25 Zeichen (maximale Länge der Überschrift), so wird der Begriff in der Klammer angezeigt und nicht das gesuchte Keyword.
- Informationen zur Großschreibung bei Keyword-Platzhaltern finden Sie hier: www.emagnetix.at/eh11 unter „Keyword-Platzhalter und Großschreibung".

Vorschau einer Anzeige mit Dynamic Keyword Insertion

Quelle: Google

Experten-Tipps 3/4

Zeitliche Planung der Anzeigenschaltung

- Beachten Sie die Geschäftszeiten.
- Die Schaltung an Wochenenden oder nach der Geschäftszeit kann deaktiviert werden.
- Die Analyse der Top-Anfragezeiten ist in Analytics möglich. Die Einstellung einer zeitlichen Planung ist ein Ansatz zur Optimierung.

Quelle: Google AdWords

Verwendung der Anzeigenvorschau unter: www.google.at/AdPreview oder direkt im AdWords-Konto unter Tools (siehe Screenshots)

- Strapazieren Sie den Qualitätsfaktor nicht durch unnötige Impressionen.
  Oftmals werden die eigenen Anzeigen „gegoogelt“. Jede Impression, auf die kein Klick folgt, führt zu einer Verschlechterung der Anzeigenqualität und kann die Klickpreise verteuern.
- Machen Sie einen Test der Anzeigen, ohne Impressionen hervorzurufen. Mit AdPreview ist so ein Test möglich.
- Unabsichtliche Klicks und Kosten werden vermieden.
- Die Anzeigenvorschau in verschiedenen Regionen (z.B. Keyword „Wellnesshotel Salzburg“ in Wien) ist möglich.

Quelle: Google AdWords

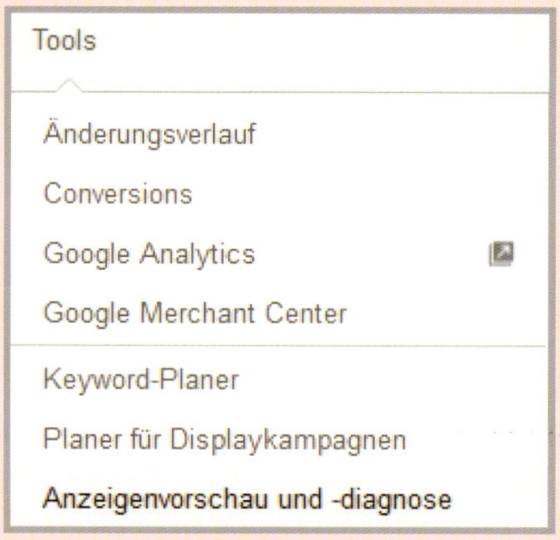

Quelle: Google AdWords

Remarketing:

- Mit Remarketing kann man Internetnutzer, die bereits die eigene Website besucht haben (z.B. ein Produkt bereits betrachtet, aber noch nicht gekauft haben), mit der passenden Werbeanzeige auf

Experten-Tipps 4/4

anderen Websites nochmals gezielt ansprechen.

- Remarketing ist mittels Text- und Bannerschaltung möglich.
- Verwenden Sie in den Kampagneneinstellungen „Frequency Capping", um ein AdBurnout zu vermeiden. Grenzen Sie die Anzahl der Anzeigenschaltungen z.B. auf 5 pro Tag ein, um die Kunden nicht mit zu vielen Anzeigen zu „nerven".
- Details: www.emagnetix.at/remarketing

Quelle: Google AdWords

Keyword Übereinstimmungstypen

- Deaktivieren Sie die Option „Nahe Varianten".
- Auch bei „passende Wortgruppe" kann man bei ähnlichen Varianten und Falschschreibweisen angezeigt werden.

Google Learning Center: ist eine Google-Hilfe, in der alle Schritte im Detail erklärt werden.
www.google.de/adwords/learningcenter

Landingpage Optimierung

Was ist das?

Landingpages sind **Zielseiten für bestimmte Themen oder Angebote**, die beispielsweise nach dem Klick auf eine Google AdWords Anzeige (können auch für andere Online Marketing Maßnahmen verwendet werden) erscheinen. Diese **Zielseiten sind Werbeträger**, in deren Mittelpunkt ein spezielles Angebot steht, das auf eine bestimmte Zielgruppe ausgerichtet ist.

Die Kunst bei der Gestaltung von Landingpages besteht darin, die Bedürfnisse der Besucher zu kennen und eine Lösung für sie anzubieten. Die Seite muss überzeugen, interessante Informationen/Angebote liefern und dem Besucher einen Mehrwert bieten. Das Angebot sollte ohne Ablenkung präsentiert und dem Besucher eine einfache und direkte Interaktion ermöglicht werden (z.B. Anfrageformular oder Buchung/Bestellung). Ist der Besucher nicht innerhalb weniger Sekunden überzeugt, verlässt er die Seite und klickt zum Konkurrenten.

Was bringt mir das?

Eine Landingpage wird eingesetzt, um Angebote und Themen übersichtlich auf einer Seite zu bewerben und somit die **Anzahl der Conversions zu steigern**. Der potentielle Kunde muss sich nicht durch viele Unterseiten klicken, um an die Informationen zu gelangen, die er sucht. Dadurch wird ein höherer Anteil an Besuchern zu potentiellen Kunden umgewandelt.

Landingpages **können den AdWords Qualitätsfaktor** (siehe Kapitel „Google AdWords" auf Seite 55) **entscheidend verbessern**, da man die Website gezielt auf die verwendeten Keywords optimieren kann. Ein besserer Qualitätsfaktor bedeutet günstigere Klickpreise und eine bessere Anzeigenposition.

Landingpages können auch **für SEO Zwecke und weitere Online Marketing Maßnahmen** genutzt werden. Sie können diese für die Bewerbung von speziellen Keywords verwenden und zur Erhöhung der Sichtbarkeit in Google beitragen.

Wie eine gute Landingpage aufgebaut wird

Generell sollte man Landingpages übersichtlich gestalten. Arbeiten Sie mit großen Überschriften und platzieren Sie keine zu langen oder unstrukturierten Textpassagen. Platzieren Sie außerdem grundsätzlich ein Conversion-Element (z.B. Anfrage-Button), damit der Kunde eine Aktion tätigen kann.
Ein Patentrezept für eine gute Landingpage gibt es nicht. Die Gestaltung der Landingpage hängt sehr stark vom zu bewerbenden Angebot und der Zielgruppe ab.

Ziel 1: Besucher überzeugen – man hat nur wenig Zeit!

Die Besucher müssen sofort wissen, worum es geht – frei nach dem Motto „Don't make me think".
Dauert die Informationssuche zu lange, ist der Besucher verloren.

- Wichtige Informationen (Überschriften, Preise, Anfragemöglichkeiten, ...) müssen ins Auge springen. Verwenden Sie nicht zu viel Text, sondern setzen Sie Ankerpunkte und Aufzählungen (Vorteile aufzählen).
- Verwenden Sie überzeugende Überschriften, die kurz und knackig beschreiben, worum es geht.

Beispiel: Langlaufen im Böhmerwald

Quelle: www.innsholz.at

- Verwenden Sie professionelle Bilder, die Emotionen wecken und das Angebot widerspiegeln.

Quelle: www.almesberger.at

- Überladen Sie die Seite nicht und platzieren Sie nicht zu viele Informationen auf einmal. Das überfordert den Besucher.
- Unterstreichen Sie Ihre Seriosität durch Vertrauensbeweise, Auszeichnungen und Zertifikate.
- Stärken Sie das Vertrauen durch freundliche „Gesichter" und eine Unterschrift. Eine Unterschrift verleiht Ihrem Angebot eine persönliche Note.
  Beispiel:

Quelle: www.donauschlinge.at

- Platzieren Sie eine Beratungshotline und/oder einen Rückrufservice.
- Platzieren Sie echte und seriöse Kundenbewertungen/Meinungen.
  (Auch Videos – Beispiel: www.mextrotter.com)
- Preisen Sie die Vorteile und Garantien klar und deutlich an.

Quelle: www.happyfoto.at

- Stellen Sie Ihren Standort zur leichteren Orientierung grafisch dar.

Quelle: www.glueckshotel-tirol.com

- Es gibt ebenfalls die Möglichkeit, ein Live-Chat-System zu verwenden (z.B. Snapengage, www.emagnetix.at/eh12). Damit können Sie auf Fragen der Kunden sofort antworten.

Ziel 2: Besucher müssen zu einer Aktion bewegt werden (Hauptziel).

- Zeigen Sie dem Besucher auf, was zu tun ist. (= Call to Action) Bieten Sie dabei nur wenige Optionen. Beispiel: JETZT unverbindlich & kostenlos anfragen.
- Wenn die Besucher dem Call to Action folgen, muss es so einfach wie möglich sein, mit Ihnen in Kontakt zu treten oder zu kaufen/buchen:
  - Besuchern einen Grund geben, JETZT (!) zu handeln
  - Einfach aufgebaute Formulare – nur wichtigste Punkte abfragen
  - Optisch ansprechende Formulare, Bestellvorgänge
  - Der Versuch von sogenannten Micro-Conversions sollte immer gegeben sein z.B. Newsletteranmeldung oder auch Facebook Like Box
  - Tipp: € 10 Gutschein, wenn man sich zum Newsletter anmeldet
- Fragen Sie kurz die wichtigsten Infos ab (Schnellanfrageformulare).

Quelle: www.donauschlinge.at

Quelle: www.central-soelden.at

- Zeigen Sie kurz und prägnant, dass die Besucher hier richtig sind und das Angebot zu ihnen passt.

Quelle: www.innsholz.at

Quelle: © HappyFoto GmbH

- Führen Sie mit unterschiedlichen Landingpages A/B-Tests durch.
  Schicken Sie beispielsweise über Google AdWords 50 % der Besucher über Anzeige A auf Landingpage A und 50 % der Besucher über Anzeige B auf Landingpage B. Nach 1 Monat können Sie in Google Analytics analysieren, welche Seite besser funktioniert hat. Alternativ testen Sie einen Monat lang Landingpage A und einen Monat lang Landingpage B. Die Seite, die besser abschneidet und mehr Conversions liefert, wird künftig verwendet. Testen Sie z.B. unterschiedliche Farben oder eine unterschiedliche Anordnung der Call to Action-Buttons.

Ziel 3: Mehrwert bieten

- Gewinnspiele auf der Seite
- Videos einbinden
- Hinweis auf Social Media

Quelle: www.eti.at

Quelle: Newsletter eMagnetix

Vorgelagerte Landingpages

Es gibt die Möglichkeit vorgelagerte Zielseiten einzusetzen. Das sind Landingpages, welche in der Navigation nicht sichtbar sind, oftmals ein komplett eigenes Design (ohne Website-Navigation, etc.) aufweisen und speziell für die Besucher über Google AdWords erstellt werden (2 Beispiele nachfolgend).

Quelle: www.innsholz.at

Quelle: www.sportmed-linz.at

Gelungene Landingpage

Quelle: www.innsholz.at

Suchen Sie nach bestimmten Themen (auch außerhalb Ihrer Branche und Ihres Landes). Klicken Sie auf Anzeigen und sehen Sie viele gute und schlechte Beispiele. Machen Sie es nach – oder besser!

Erfolgskontrolle

- Verwenden Sie Google Analytics (alle Arten von Conversions messen, siehe S. 29) und verfolgen Sie die Customer Journey.
- Prüfen Sie, wie sich die qualitativen Zahlen (Besuchszeit, betrachtete Seiten) seit der Erstellung der Landingpage verändert haben.
- Werten Sie den Erfolg zweier unterschiedlicher Landingpages über längere Zeit (z.B. einen Monat) aus. Bewerten Sie, welche Seite bessere Ergebnisse gebracht hat (A/B-Testing).

Experten-Tipps

Das sollten Sie vermeiden!

- Überladenes Layout
  Bauen Sie nur die wichtigsten Infos ein.
- Zu viel Text
  Große Fließtext-Blöcke (ohne Absätze und Struktur) kann der User nicht erfassen (nicht „scannen“). Er findet wichtige Inhalte nicht auf einen Blick. Verwenden Sie Überschriften und Aufzählungszeichen.
- Zu wenig Text
  Nur Bilder und keine Beschreibungen sind irreführend.
- Struktur und Anordnung sind unübersichtlich
- Unterschiedliche Schriften/Schriftarten und Größen
- Langweilige Überschriften
  Überzeugen Sie mit knackigen Aussagen und verwenden Sie Ihre Keywords als Ankerpunkte für Leser und für Suchmaschinen.
- Design, das nicht zum Inhalt passt
- Zu kleine Schriften
  Der Besucher gibt schnell auf, da der Inhalt für ihn nicht lesbar ist.
- Beworbenes Angebot ist schlecht zu finden
- Rote Schaltflächen (nicht immer besser als grüne Schaltflächen)
- Zu viele und unnötige Verlinkungen
- Keine Preise, Angebote und kein Call to Action (Button), der zu einem Abschluss führt
- Navigation dominiert die Landingpage
- Wichtige Informationen nicht auf den ersten Blick sichtbar
- Landingpage enthält unnötige Flash-Animation
- Zu lange Ladezeiten
  Die Besucher warten nicht, bis die Seite geladen ist. Das ist auch ein schlechtes Zeichen für Google.
- Langweiliges Webdesign (spricht den Benutzer nicht an, wirkt unprofessionell, …)
- Pop-up-Anzeigen
  Diese lenken Besucher ab.
- Nicht für das Internet geschriebene Inhalte (siehe „Checkliste Schreiben für das Internet“ auf Seite 80)
- Keine Kontaktdaten bzw. Unternehmensinformationen
- Fehlerhafte Texte
  Diese wirken sehr unprofessionell und senken das Vertrauen.
- Landingpage einmal aufbauen und nicht mehr aktualisieren
  Sie müssen bei einer Landingpag immer aktiv verbessern und beobachten (Analyse mit Google Analytics, Details auf Seite 29).

Webredaktion

Was ist das?

Unter Webredaktion versteht man **die redaktionelle Betreuung einer Website** inklusive aller Bilder, Texte, Videos, News usw. Sie **beinhaltet gleichzeitig auch die OnPage Optimierung** einer Seite (S. 34) und sollte eine Website grundsätzlich „lebenslang“ von der Erstbefüllung einer Seite, über den Relaunch bishin zur laufenden Betreuung und Erweiterung der Inhalte begleiten.

So kann die Seite laufend optimiert oder an neue, durch Suchmaschinen vorgegebene Regelungen, angepasst werden.

Was bringt mir das?

Wenn Sie Ihre Website aktiv mittels Webredaktion betreuen, stellen Sie den Nutzern und auch den Suchmaschinen optimierte und hochwertige Inhalte zur Verfügung und bilden damit die Basis für Ihren Erfolg im Internet.

Warum ist hochwertiger Inhalt (Content) so wichtig?

- **Der erste Eindruck ist entscheidend für jeden Besucher!** Wenn die gesuchte Information oder ein gesuchtes Produkt nicht auf den ersten Blick auffindbar ist, verlässt der Besucher die Website und geht zur Konkurrenz.
- Suchmaschinen können durch den Content die Thematik einer Seite im Web möglichst genau bestimmen.
- Google möchte seinen Benutzern die besten und hochwertigsten Websites zu deren Suchanfrage liefern und prüft daher, …
  - ob die gesuchten Informationen auf der Website vollständig, professionell und vertrauenswürdig dargestellt sind.
  - ob die Seite eine unnatürlich hohe Absprungrate (Richtwert über 50%) hat, welche auf viele unzufriedene User hinweist. Die Absprungrate ist davon abhängig, was die Website anbietet. Hat der User ein Bedürfnis in Bezug auf die Inhalte, so ist eine niedrigere Absprungrate normal. Werden Produkte verkauft, die sowieso überall zu haben sind, ist eine hohe Absprungrate normal.
- Durch **conversion-optimierte Inhalte** kann der Besucher zu gewünschten Aktionen motiviert werden (kaufen, buchen, anmelden).
  - Verwenden Sie Buttons, Links, Bilder, Call to Action im Text, …
  - Mehr Tipps und Anregungen finden Sie im Kapitel „Landingpage Optimierung“ (S. 68).

Hochwertiger Content wirkt sich positiv aus auf:

- Gewinnung von Neukunden und Kundenbindung
- Firmenimage
- Position im Wettbewerb
- Conversions
- Reichweite
- Auffindbarkeit in Suchmaschinen und mehr Traffic
- Absprungrate und Verweildauer auf der Website
- Vertrauen der Besucher in das Unternehmen
- Wahrgenommene Dienstleistungsqualität
- Zufriedenheit der Kunden
- eingehende Links auf die eigene Website

Erfolgsfaktoren für Ihre Website

1. Definieren Sie Ziele für die Website.

☑ Die Ziele müssen **SMART** sein.

- Ist das Ziel klar/eindeutig/exakt definiert und schriftlich dokumentiert? (**spezifisch**, **schriftlich**)
- Ist das Ziel **messbar**?
- Ist das Ziel im Unternehmen **akzeptiert**, für das Unternehmen **attraktiv** und **ausführbar**?
- Ist das Ziel erreichbar? (**realistisch**)
- Hat das Ziel einen definierten Zeitpunkt, bis wann es erreicht sein muss? (**terminierbar**)
- FALSCH: „Meine Website soll in Suchmaschinen auf Platz 1 gelistet werden."
- RICHTIG: „Ich möchte die Anzahl der Newsletter-Abonnenten innerhalb eines Jahres verdoppeln."

☑ Mögliche Bereiche für Ihre Ziele:

- Web-Präsenz (Information, Unterhaltung, Image und Visitenkarte)
- Conversions (Bestellung, Reservierung, Buchung, Anfrage, Newsletter-Anmeldung, etc.)
- Kunden (Kundenbindung, Neukundenakquisition, Service und Support)
- Online Shop (Online Verkauf und Lieferung, Offline Verkauf)
- Umsatzsteigerung
- Kostenersparnis

2. Definieren Sie Ihre Zielgruppe.

- Analysieren Sie aktuelle Kunden/Besucher durch die Erhebung über Web-Analyse-Systeme oder direkte Befragungen.
- Wichtig ist die Absicht, mit der der Besucher auf die Website kommt (Kaufabsicht, Informationssuche, etc.).
- Die Zielgruppen definieren sich auch durch besondere Merkmale/Eigenschaften (Herkunft, Sprache, technische Ausstattung, Nutzungsverhalten, soziodemografische Daten, etc.).

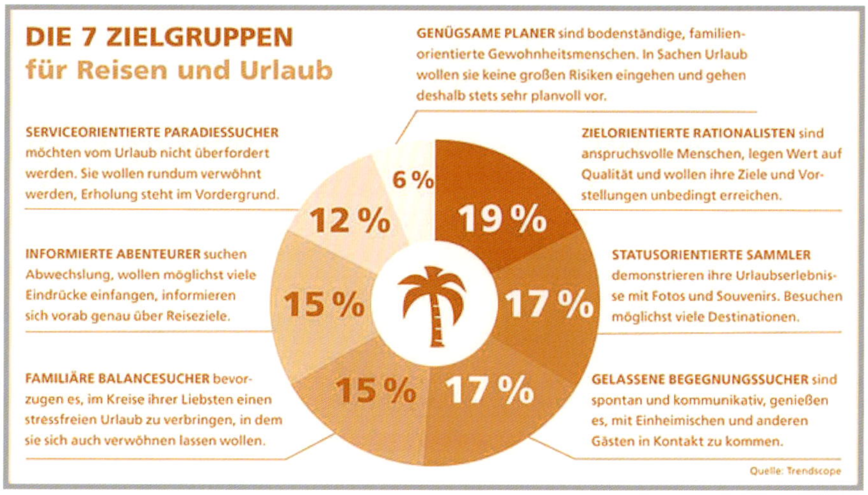

© Trendscope

- Personas zu erstellen, die stellvertretend für die Zielgruppe/n stehen, erleichtert bei der Planung und bei der Umsetzung das Hineinversetzen in die Zielgruppe.

3. Bieten Sie Inhalte mit Mehrwert an.

- Die Benutzer (Zielgruppe) werden ausreichend informiert und ihre Bedürfnisse bedient. Aktuelle und lebendige Inhalte animieren die Benutzer zum Wiederkommen.
- Die Inhalte werden dem Benutzer optimal präsentiert (Siehe auch „Checkliste Schreiben für das Internet" auf Seite 80).

4. Verwenden Sie eine einfach verständliche und intuitiv bedienbare Navigation und eine klare Struktur.

- Oberstes Gebot: Den Besucher nicht zum Nachdenken zwingen („Don't make me think!" á la Jacob Nielsen)! Eine einfache Orientierung innerhalb der Website ist möglich.
- Der Benutzer muss zu jeder Zeit wissen, wo auf der Seite er sich gerade befindet (hilfreich sind hier Breadcrumbs) und wie viele Schritte er noch bis zu seinem Ziel absolvieren muss (z.B. im Warenkorb eines Online-Shops). Die Struktur muss vom Standpunkt des Benutzers aus sinnvoll sein.
- Es gibt eine Suchhilfe auf der Seite (z.B. Sitemap, Suche, ...).
- Die Website bietet eine angenehme Atmosphäre für den Besucher. Er wird nicht mit Reizen überflutet, findet keine aufdringlichen Angebote und keine blinkende Werbung/Grafiken, o.Ä. vor.
- Der Besucher soll nicht aufdringlich ausgefragt werden. Verwenden Sie keine umfangreichen Formulare und fragen Sie nur das Nötigste ab. Wählen Sie die Pflichtfelder sorgfältig und kennzeichnen Sie diese eindeutig.
- Kommunizieren Sie mit dem Besucher. Zeigen Sie, was als Nächstes passiert. Geben Sie Rückmeldungen bei Fehlern, wie einer falschen Eingabe und bieten Sie Lösungsvorschläge an.
- Struktur ≠ Navigation: Eine Sitemap beispielsweise bildet die Struktur einer Website ab und beinhaltet auch jene Seiten, die nicht in der Navigation sichtbar sind.
- Erstellen Sie immer zuerst die Struktur und arbeiten Sie dann die Inhalte aus. Ansonsten entsteht unorganisiertes Chaos.
- Eine gut strukturierte Website ermöglicht dem Benutzer schnell zu finden, wonach er sucht, ohne lange darüber nachdenken zu müssen.
- Es darf keine Sackgassen geben. Vermeiden Sie Seiten ohne weiterführende Links, von denen man nur über den Zurück-Button wieder herauskommt.
- Legen Sie die Struktur anderen Personen, die möglichst zur Zielgruppe gehören, zur Verständlichkeitsprüfung vor.
- Innerhalb einer Navigation sind sieben Auswahlmöglichkeiten optimal. Dies entspricht der Kapazität des Gedächtnisses. Bei mehreren Möglichkeiten verliert der Besucher leicht die Übersicht.

5. Stellen Sie eine Verbindung mit Social Media bzw. Community her.

- Verwenden Sie einen Corporate Blog, eine Facebook-Seite, einen YouTube Channel, ein Google+ Profil uvm.
- Nutzen Sie die Möglichkeiten der Bewertung und Weiterempfehlung (HolidayCheck, TripAdvisor, Google My Business, ...).

6. Achten Sie auf ein ansprechendes und übersichtliches Design.

- Gestalten Sie kein überladenes Layout. Zu viele visuelle Informationen auf der Seite lassen den Benutzer nicht mehr erkennen, was wirklich wichtig ist.
- Das Design soll nicht langweilig wirken und den dargebotenen Inhalten entsprechen. Darüber hinaus soll es die Zielgruppe ansprechen.
- Wählen Sie angenehme Farben und genügend Weißraum (z.B. bei den Texten).
- Die Buttons, Symbole und Angebote sollen visuell einheitlich gestaltet sein. So findet sich der User schneller zurecht.
- Kennzeichnen Sie Links und auch Download-Dokumente wie PDFs deutlich und geben Sie bei PDFs die Größe der Datei an.

7. Verwenden Sie im Hintergrund optimale Technik.

- Die Ladezeit liegt im optimalen Bereich.
  - Der Benutzer soll nicht gezwungen werden zu warten (Ladezeit).
  - Prüfung & Tipps über www.emagnetix.at/eh13
- Die Website ist auch für Smartphones oder Tablets geeignet.

Checkliste Must-Have Inhalte

☑ **Unternehmenspräsentation**

- Logo für eine eindeutige Identifikation
- Unternehmen und Mitarbeiter (Team)
- Produkte und Dienstleistungen
- Termine und Veranstaltungen
- Referenzen, Kundenmeinungen (wenn vorhanden)
- Jobs und Lehrstellen (wenn vorhanden)
- Pressemeldungen und Pressekit (Informationen, Bilder, Texte für die Presse)

☑ **Service & Verkauf**

- Spezielle Angebote und Aktionen (wenn es das Ziel ist, etwas zu verkaufen)
- Anfragemöglichkeiten, Newsletter-Anmeldung

Quelle: www.emagnetix.at

- News aus der Branche/Region
- Online Shop, Gutschein-Service (je nach Art des Unternehmens z.B. Dienstleister, Hotel, etc.)
- Kundenservice und Support
  Nice-to-have: Live Support (z.B. www.emagnetix.at/eh12)
- Downloads (Produktbroschüren, Infomaterial, kostenlose Tools, etc.)
  Direkt auf der Website durchblättern ist ebenso möglich: www.yumpu.com
- Informationen mit Mehrwert für Besucher
  - Tourismus: Infos über Region, Sehenswürdigkeiten
  - Dienstleister, Händler: neue Produkte, Zusatzinformationen zu Produkten (z.B. Biomasse-ABC von www.kwb.at)
- Einbindung der Social Media Kanäle (z.B. über Buttons, Widgets)
- Trustelemente (Siegel, Testurteile, Auszeichnungen, Kundenmeinungen, etc.)

☑ **Kontaktdaten**

- Kontaktformular
  - Fragen Sie nur die nötigsten Daten ab.
  - Die Erklärung, dass eine Nachricht eingegeben werden soll, ist unnötig.
  - Schreiben Sie Hinweise, wenn nötig, unter das Formular.
  - Kennzeichnen Sie Pflichtfelder eindeutig und gehen Sie sparsam damit um.
  - Der Button „Formular zurücksetzen“ ist unnötig.
  - Platzieren Sie eine Checkbox für die gleichzeitige Anmeldung zum Newsletter.

- Bestätigungsseite nach erfolgreich gesendetem Formular zur Überzeugung und Cross-Selling nutzen.

Quelle: www.emagnetix.at

  - (Hotel-) Bewertungen und Auszeichnungen
  - Unternehmenspräsentation
  - Mitarbeiter dahinter (Fotos vom Ansprechpartner)
  - Referenzen
  - Presseberichte
  - Social Media
- Lageplan und Anfahrt

☑ **Rechtliches (Österreich)**

- Impressum und AGB (Details zur Impressumspflicht www.emagnetix.at/eh04l)
- Hinweis auf E-Commerce-Gesetz (wko.at/ecg)
- Hinweis auf Tracking (Cookies, Google Analytics, etc.)

Aufbau und Erweiterung von Inhalten

☑ **Achten Sie auf die Qualität der Inhalte!** (Rechtschreibung, Grammatik, echter Mehrwert, ...)

☑ **Verwenden Sie immer Unique Content!** Die Inhalte müssen immer einzigartig sein. Deshalb sollten Sie Inhalte nie kopieren. Suchmaschinen mögen keinen Duplicate Content.

- Prüfen Sie die Inhalte manuell auf Einzigartigkeit (eine Erklärung dazu finden Sie im Kapitel „Suchmaschinenoptimierung OnPage“ auf S. 34).
- Nutzen Sie Online Tools (z.B. www.copyscape.com).

☑ **Verwenden Sie interessante Inhalte**, die den Benutzern einen echten Mehrwert bieten, sie bei ihren Bedürfnissen abholen und Themen anbieten, die sie beschäftigen. So erzielen Sie z.B. eine niedrigere Absprungrate und eine höhere Besuchsdauer.

☑ **Verwenden Sie Bilder.** Diese helfen, den Text zu strukturieren, lockern die Informationen auf und erhöhen die Attraktivität. Ergänzende Bilder machen Texte oft verständlicher.

- Verwenden Sie eine Legende und den Alt-Tag (alternative Bildinformation – auch für Suchmaschinen und Screenreader).
- Setzen Sie die Bilder für mobile User möglichst weit oben.
- Das Bildmotiv soll zum Text schauen. Das ist vor allem bei Personen wichtig.
- Bevorzugen Sie Bilder, die ...
  - Menschen zeigen (lachende, sympathische Gesichter).
  - Produkte optimal präsentieren (Kauflust wecken).
  - sinnvoll den Text ergänzen.
  - eine klare, eindeutige und schnell verständliche Bildaussage liefern.
- Achten Sie auf die Bildrechte und Werknutzung. Platzieren Sie einen Hinweise direkt beim Bild oder im Impressum.
- Verwenden Sie keine Fotos minderer Qualität (kontrastreich, scharf).

   - Verwenden Sie keine reinen Schmuckfotos oder gestellt wirkende Fotos.
   - Passen Sie die Dateigröße der Grafiken an die Gegebenheiten im Web an (je geringer, desto besser). Komprimieren Sie die Bilder mit einem entsprechenden Grafikprogramm. Die Qualität der Bilder sollte nicht darunter leiden!
   - Suchen Sie auch Bilder in Bildarchiven:
     Stockphotos, teilweise kostenlos (ClipDealer, Fotolia, Pixabay, Stock.XCHNG, Pixelio, PhotoX-press, RGBStock, MorgueFile, everystockphoto, flickr, …)
     Kostenfreie Bilder (Picjumbo, Little Visuals, Unsplash, Gratisography, Superfamous Studios, Death to the Stock Photo, New Old Stoc, Dotspin, aboutpixel, Piqs, …)

☑ **Verwenden Sie Call to Action** und geben Sie den Kunden einen Grund, JETZT (!) zu handeln. (Produkte bestellen, Urlaub buchen, …) Details siehe „Landingpage Optimierung“ auf Seite 68.

☑ **Gestalten Sie auch die Fehlerseite (404-Fehler) in einem ansprechenden Design**. Diese sind oft unter den meist aufgerufenen Seiten.

   - Platzieren Sie eine kleine Version der Sitemap. So kann der Benutzer eine Alternative für die eigentlich gesuchte Seite finden.
   - Verwenden Sie eine ansprechende/humorvolle Gestaltung der Seite. So zaubern Sie dem Besucher ein Lächeln auf die Lippen und heben Sie sich von Ihren Marktbegleitern sympathisch ab.

Quelle: www.kwb.at

☑ **Prüfen Sie die Inhalte auf Verständlichkeit.**
Fragen Sie eine Person aus der Zielgruppe (kann auch ein Bekannter sein) und lassen Sie ihn die Inhalte durchgehen.

☑ **Platzieren Sie die wichtigsten Inhalte immer „above the fold“**, also in dem Bereich der Website, der ohne zu scrollen sichtbar ist.

☑ **Machen Sie Buttons und Textlinks auch als solche eindeutig erkennbar.** Beschriften Sie die Buttons passend und wählen Sie den passenden Linktext. Dieser soll dem Inhalt des Linkziels entsprechen.

☑ **Positionieren Sie die Inhaltselemente richtig**.

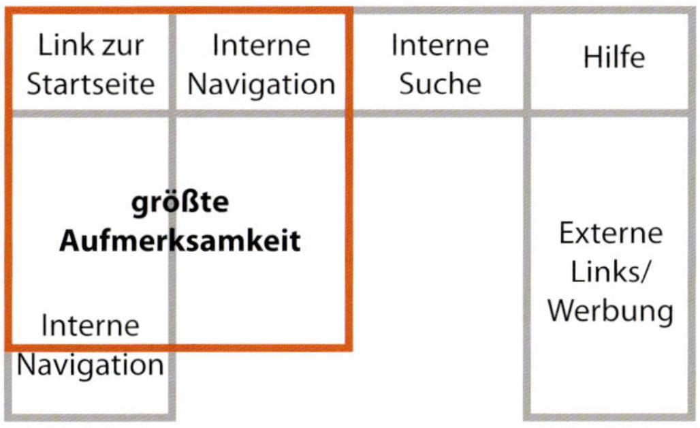

   - Richten Sie sich nach der Erwartungshaltung der User.
   - Berücksichtigen Sie die Nutzer von Tablets und Handys und platzieren Sie wichtige Bilder und Texte so weit oben wie möglich.

- Beachten Sie die Gestaltgesetze: www.emagnetix.at/eh27

☑ **Bieten Sie suchmaschinenoptimierten Inhalt an** (siehe „Suchmaschinenoptimierung OnPage“ S. 34). Verwenden Sie im Inhalt die richtigen Schlüsselwörter (siehe „Keywordrecherche“ Seite 23).

☑ **Planen Sie Content-Wachstum ein.**
- In welchen Zeitabständen werden neue Inhalte hinzugefügt?
- Bietet die geplante Struktur der Seite ausreichend Platz für die neuen Inhalte?
- Wie wird neuer Content geschaffen (z.B. über Blog, News, etc.)?
- Erstellen Sie einen Redaktionsplan (wer, was, wann, wo veröffentlicht).

☑ **Verwenden Sie Videos.**
- Videos sollten kurz und aussagekräftig sein. Je länger ein Video ist, desto mehr Nutzer hören auf zuzusehen.
- Optimieren Sie Ihre Videos (siehe Kapitel „YouTube“ Seite 108).
- Binden Sie ein Video über YouTube auf der Website ein. Das ist sehr einfach möglich.

☑ Integrieren Sie **(kostenlose) „Zuckerl“ zur Kundenbindung** (z.B. Newsletter, spezielle Angebote, ...).

☑ Steigern Sie die **Glaubwürdigkeit und das Vertrauen**.
(Referenzen und Kundenmeinungen, Gütesiegel und Testberichte, Service und Rücknahmegarantie, ...)

☑ **Aktualisieren Sie die Inhalte laufend.**
Das ist positiv für das Suchmaschinen-Ranking und die Kundenbindung („Freshness-Faktor“).

Checkliste Schreiben für das Internet

☑ Die Printtexte wurden nicht einfach für das Internet übernommen.

☑ Längere Texte sollten als Druckversion oder zum Download (PDF) angeboten werden. Lesen am Bildschirm ist eine extreme Anstrengung für das Auge.

☑ Der User überfliegt den Text nur!
- Wichtiges wurde hervorgehoben (z.B. fett).
- Wichtige Informationen stehen am Textbeginn (z.B. kurzer Teaser) und an den Satzanfängen.
- Es gibt eine wirkungsvolle und interessante Überschrift.
- Die Texte sind gut und nachvollziehbar strukturiert (Zwischenüberschriften, Aufzählungen, Absätze, …).

☑ Die Zielgruppe wurde beim Texten beachtet (Vorwissen, Interessen, Informationsbedürfnis, Sprachwelt, …).

☑ Die W-Fragen wurden beantwortet (was, wer, wo, wann, wie, warum, woher).

☑ Kursiv und Großbuchstaben wurden sehr sparsam eingesetzt.

☑ Es gibt keine Überschriften über zwei Zeilen.

☑ Lange Satzkonstruktionen („Schachtelsätze“) wurden vermieden (durchschnittlich 9 bis 13 Wörter pro Satz).

☑ Jeder Textabschnitt verfügt über maximal zwei bis drei Absätze.

☑ Kurze Wörter wurden langen Wörtern vorgezogen.

☑ Es wurden ein aktiver, kein passiver, Schreibstil verwendet (passive Sätze vermeiden).

☑ Komplexe Ausdrücke, Fremdwörter oder Fachbegriffe wurden vermieden (wenn nötig, dann erklären).

☑ Es wurde verneinungsfrei geschrieben (auch versteckte Verneinungen beachten!).

☑ Zahlen bis 12 wurden als Wort ausgeschrieben.

☑ Es wurden keine Möglichkeitsformen verwendet.

☑ Es wurde in der richtigen Zeit geschrieben.
Verwenden Sie Gegenwart oder Vergangenheit, nie die Zukunftsform.

☑ Es wurde konkret und anschaulich geschrieben. Dazu wurden Beispiele verwendet.

☑ Der Text enthält keine inhaltsleeren Floskeln und schwammigen Aussagen. Teilen Sie dem User wirklich etwas mit.

☑ Der Text enthält keine Füllwörter (Lieblingsfüllwörter enttarnen und streichen) und Phrasen.

☑ Der Text enthält keine Abkürzungen. Diese sind schlecht für den Textfluss.

☑ Modalwörter wie „eigentlich“, „vielleicht“, „möglicherweise“, „eventuell“ oder „wahrscheinlich“ wurden vermieden.

- ☑ Der Text ist logisch aufgebaut, ist der Reihe nach geschrieben (ein Gedanke nach dem anderen) und hat einen „roten Faden".
- ☑ Der Text ist fehlerfrei (Grammatik, Rechtschreibung).
- ☑ Non-Serife Schriften wurden verwendet (z.B. Arial, Verdana).
- ☑ Es wurde eine skalierbare und gut lesbare Schriftgröße verwendet.
- ☑ Reißerische Werbeaussagen wurden vermieden.
- ☑ Im Text wurden durchgängige Bezeichnungen verwendet. Es wurde auch auf einen einheitlichen Sprachgebrauch geachtet (Beispiel: ein Wort für Startseite, Start, Homepage, Einstiegsseite, …).
- ☑ Der Text wurde für eine Zeit (z.B. über Nacht) weggelegt und dann noch einmal gelesen.
- ☑ Die Texte wurden einem kleinen Kreis an Personen der Zielgruppe zum Verständnis-Check vorgelegt. Sollte dies nicht möglich sein, reichen auch ein Ortswechsel für das Korrekturlesen und dabei ein bewusstes Hineinversetzen in die Zielgruppe (Persona zur Hilfe nehmen).
- ☑ Übersetzungen wurden von einem „native Speaker" geprüft.
- ☑ Der Text wurde laut gelesen.
- ☑ Tools zur Textanalyse wurden genutzt.
  - www.wortliga.de/textanalyse
  - www.it-agile.de/stil/eingabe.html
  - www.schreiblabor.com/textlabor/statistic
  - www.lingulab.de

Erfolgskontrolle 1/2

Content ist dann erfolgreich, wenn er von den Websitebesuchern genutzt wird, deren Bedürfnisse befriedigt werden und sie dadurch das Ziel ihres Besuches auf der Website erfüllen können.
Folgende Kennzahlen können Sie mit Hilfe von Google Analytics (Details zu Google Analytics auf Seite 29) betrachten. Denken Sie daran, dass der Erfolg von Inhalten nie nur anhand einer einzigen Kennzahl beurteilt werden kann.

Nutzung der Inhalte

- Seitenaufrufe
  - Achtung! Häufig aufgerufene Seiten sind nicht einfach gleichzusetzen mit Qualität.
  - TOP 10 Inhaltsseiten
  - Was interessiert die Besucher? Wie sollte man andere Seiten optimieren?
  - TOP 10 stark schwankende Seiten (Hinweis auf Trends, saisonale Einflüsse)
  - Aufruf von Schlüsselseiten, also Seiten, die Sie dem Kunden unbedingt zeigen möchten.
  - Am wenigsten aufgerufene Seiten: Diese können Sie eventuell löschen, um damit Ressourcen für die Befüllung/Update der anderen Inhalte zu sparen.
- Anzahl betrachteter Seiten
- Content Views: Gibt an, wie oft ein Text, Video oder eingebundenes Dokument angesehen wurde.
- Downloads

Ein- und Ausstiegsseiten

- Bewerten Sie die Aussage von Ausstiegsseiten nicht über. Es kann auch sein, dass der Besucher dort die gewünschte Information gefunden hat.
- Indikatoren für Erfolgs- oder Fehlereignisse einer Ausstiegsseite sind die Ausstiegsrate (Verhältnis Anzahl-Ausstiege zur Anzahl-Seitenaufrufe) und die durchschnittliche Verweildauer auf einer Seite.
- TOP 10 Einstiegsseiten: Behalten Sie diese, genau wie die Startseite, im Auge.

Erfolgskontrolle 2/2

Attraktivität einer Seite

- **Verweildauer auf der Seite**
  Ob eine kurze oder lange Verweildauer als Erfolg zu werten ist, muss man unbedingt in Zusammenhang mit dem Inhalt und der Funktion der Seite (z.B. schnelle Ladezeit, Weiterleitung auf andere Seite) betrachten.
- **Absprungrate/Einzelzugriffe**
  Die Anzahl der Absprünge von einer Seite dividiert durch die Einzelzugriffe auf diese Seite, multipliziert mit 100, ergibt die Absprungrate (in %) der Seite. Eine hohe Absprungrate ist grundsätzlich ein schlechtes Zeichen (Ausnahmebeispiel Blogposts: dort wird oft nur ein einziger Post gelesen). Eine niedrige Absprungrate ist ein Qualitätsmerkmal.
- **Seitenhaftung**
  Anteil an Besuchern, bei dem es die Seite schafft, dass diese auf der Website verbleiben (mind. eine zweite Seite aufrufen).

Soziale Verbreitung von Inhalten

- Likes, Shares, Tweets in Bezug auf Seiteninhalte
- Aktive Weiterleitung von Inhalten an Freunde, Bekannte, etc.
- Eingehende Links von externen Quellen auf die eigene Website

Leadgenerierung

- Ausgefüllte Formulare
- Anmeldungen zum Newsletter
- Blog Kommentare: Werten Sie nur wirklich qualitative Kommentare, die nicht nur die Setzung eines Links zum Ziel haben, sondern tatsächlich auf den Inhalt eingehen.

Verkaufserfolg (wenn dies dem Ziel der Website entspricht)

- Online Verkäufe (Einstellung eines entsprechenden Conversion-Zieles in Google Analytics)
- Offline Verkäufe (können mit Google Analytics nicht gemessen werden)

Experten-Tipps 1/3

Planen Sie genügend Zeit für die (laufende) Inhaltserstellung ein. Hier läuft erfahrungsgemäß schnell die Zeit davon.

Bauen Sie neue Inhalte „häppchenweise" auf. Es bringt nichts, jedes Jahr eine große Menge neuer Inhalte bereitzustellen. Besser ist es, jeden Monat ein paar neue Inhalte einzuplanen. Dies ist auch für Suchmaschinen wesentlich besser zu verarbeiten. Google bewertet frische Inhalte positiv, vor allem, wenn laufend neue Inhalte entstehen. Dies ist ein Zeichen dafür, dass die Website wächst. Nur weil Google neuen und „frischen" Content als positiv ansieht, bedeutet dies nicht, dass bestehender Content „alt" und unbrauchbar ist. Dieser ist mindestens genauso wertvoll, denn er verfügt im Idealfall bereits über mehrere Verlinkungen. Inhaltshäppchen können auch über den eigenen Blog dargeboten und via Facebook oder Newsletter beworben werden. So verzahnen Sie alle genutzten Kanäle miteinander und bringen neue Inhalte unter die Zielgruppe.

Planen Sie aktuelle und lebendige Inhalte mit Hilfe eines Redaktionsplanes. Integrieren Sie Website, Blog, Facebook & Co. in den Redaktionsplan inklusive Thema, Verantwortlichem und Veröffentlichungszeitpunkt. Damit lassen sich auch die Ressourcen für die Content-Erstellung besser einteilen.

Experten-Tipps

2/3

Aufgabe	Verantw.	Start	Ende	Aufwand (h)	Status	KW 30	KW 31	KW 32
Blogposts								
Bewertungskriterien für Agenturen	Stefan	04.08.2014	06.08.2014	XX	offen			
HTTPS als Rankingfaktor	Peter	28.07.2014	29.07.2014	XX	in Arbeit			
Content-Erweiterungen (Website)								
Glossar	Astrid	28.07.2014	30.07.2014	XX	in Arbeit			
Infografik Rankingfaktoren	Jasmin	21.07.2014	23.07.2014	XX	erledigt			
Facebook								
Neue Mitarbeiter vorstellen	Anke	21.07.2014	23.07.2014	XX	erledigt			
Infografik posten	Anke	24.07.2014	24.07.2014	XX	in Verzug			

Beispiel für einen Redaktionsplan

Beispiele für Inhaltserweiterungen:

Infografiken

Vorteile

- Grafiken sind unterhaltsame Inhaltserweiterungen, die einen Mehrwert für Besucher bieten.
- Man erhält alle Fakten auf einen Blick.
- Sie können mehrfach verwendet werden, für Website, Blog, Facebook, Newsletter.
- Infografiken werden gerne geteilt (Bekanntheit/Präsenz, Traffic, Links).

Hinweise zur Umsetzung

- Achten Sie auf eine professionelle, humorvolle und ansprechende Aufbereitung (Grafiker/in).
- Lassen Sie die Verständlichkeit, wenn möglich, durch Personen der Zielgruppe prüfen.

© ferienwohnung.com

TOP 10 Listen

Vorteile

- Der Besucher kann sich, ohne sich durch lange Texte kämpfen zu müssen, schnell Wissen aneignen und Anregungen holen.
- Listen werden gerne geteilt und locken neue Besucher auf die Website.
- Eine Liste kann ausgedruckt und Punkt für Punkt „abgearbeitet“ werden. Das ist ein eindeutiger Mehrwert für den Besucher.

Experten-Tipps

Beispiele

- TOP 10 Sehenswürdigkeiten in Paris
- 10 Wanderwege für Familien
- Checkliste Feuerwehreinsatz
- TOP 10 Tipps zum richtigen Heizen
- Checkliste Frisörbedarf
- Die 10 beliebtesten Pflanzen fürs Hochbeet

FAQs

Vorteile

- Der Besucher findet schnell Antworten auf seine Fragen und wird durch die Website geführt (z.B. durch Links auf andere Seiten).
- Die Bereitstellung von guten Inhalten wird auch von Suchmaschinen belohnt.
- Suchmaschinenoptimierung OnPage (S. 34) trifft hier auf Usability.

Facebook

Was ist das?

Facebook, das **größte soziale Netzwerk der Welt**, wurde 2004 von Mark Zuckerberg gegründet und verbindet fast 1,5 Milliarden Menschen miteinander. Die Nutzer von Facebook verbringen sehr viel Zeit in diesem Social Network, konsumieren viele Inhalte und kommunizieren über dieses Medium.

Facebook zählt 757 Millionen aktive Nutzer täglich (Stand: 4. Quartal 2013). Der Großteil der Nutzer erstellt ein Profil mit echtem Namen und vernetzt sich mit Familienmitgliedern, Freunden und Bekannten. Die Vernetzung findet meist mit Personen statt, die man auch im realen Leben kennt. Zusätzlich können auch Kontakte wiedergefunden werden, die im realen Leben „verloren" gegangen sind.

Auch **Unternehmen können auf dieser Plattform eine eigene Unternehmensseite präsentieren.** Facebook kann als **sehr belebter, virtueller Marktplatz** bezeichnet werden, der es ermöglicht, sehr viele unterschiedliche Empfänger zu erreichen (große Reichweite).

Was bringt mir das?

- Die Wahrscheinlichkeit, dass ein Teil der Zielgruppe Ihres Unternehmens auf Facebook anzutreffen ist, ist aufgrund der vielen Mitglieder, sehr hoch. Dies ist ideal für Unternehmen mit internationalen Kunden, doch auch im deutschsprachigen Raum ist die Durchdringungsrate sehr gut.
- Da Facebook-Nutzer sehr viele sensible Daten preisgeben, können Sie Ihre Zielgruppe exakt definieren und ansprechen (Konsumverhalten, Alter und Geschlecht, Freizeitbeschäftigungen, …).
- Die User von Facebook verbringen sehr viel Zeit in diesem Netzwerk und sehen sich doppelt so viele Seiten an als auf normalen Websites.
- Ihr Kunde kann über Facebook direkt mit Ihrem Unternehmen in Kontakt treten, Fragen stellen, Anregungen und Feedback geben, Produkte bewerten, ... (Interaktion und Kommunikation).
- Durch Facebook können Sie als Unternehmen …
  - die Identifikation mit Ihrer Marke stärken.
  - Kundenverhalten und Kundenwünsche besser kennenlernen.
  - Konkurrenten beobachten. Was machen diese? Wie machen sie das?
  - Trends schnell erkennen und ausprobieren.
  - Traffic für die eigene Website oder den eigenen Blog erzeugen und den Nutzer so zum Kunden machen.
- Facebook ist ein wichtiges Werkzeug für Kundenkommunikation, Markenführung im Internet und Promotion-Kampagnen.
- Die Nutzer sprechen über verschiedene Unternehmen, Dienstleistungen oder Produkte. Nutzen Sie dies und nehmen Sie als Unternehmen daran teil.
- Viele große Marken, wie Coca Cola, BMD oder Starbucks zeigen, dass die Facebook-Nutzer an Inhalten von Unternehmen interessiert sind. Der Erfolg von Seiten ist nicht nur vom starken Markenimage abhängig, sondern zum Beispiel auch von der Qualität der Inhalte. Man muss somit keine große Marke sein, um eine erfolgreiche Facebook-Seite zu führen.
  - www.facebook.com/fhooe.at
  - www.facebook.com/PlusCityPasching
  - www.facebook.com/Stanglwirt
  - www.facebook.com/gmachl.hotel
  - www.facebook.com/SchwarzlScc
  - www.facebook.com/LOXONE.Home

Facebook Seite im Überblick

❶ Profilbild
❷ Titelbild
❸ Administrationsbereich (Einstellungen, Statistiken & Co)
❹ Kurz-Statistik der aktuellen Woche
❺ Nachrichtenfunktion & erweiterte Funktionen
❻ Menü der Facebook Seite
❼ Diverse Info-Boxen (können beliebig angeordnet werden, fix sind nur Personen & Info an erster & zweiter Stelle)
❽ Publikationsbox
❾ Navigation anhand der Zeitachse
❿ Beiträge der Chronik

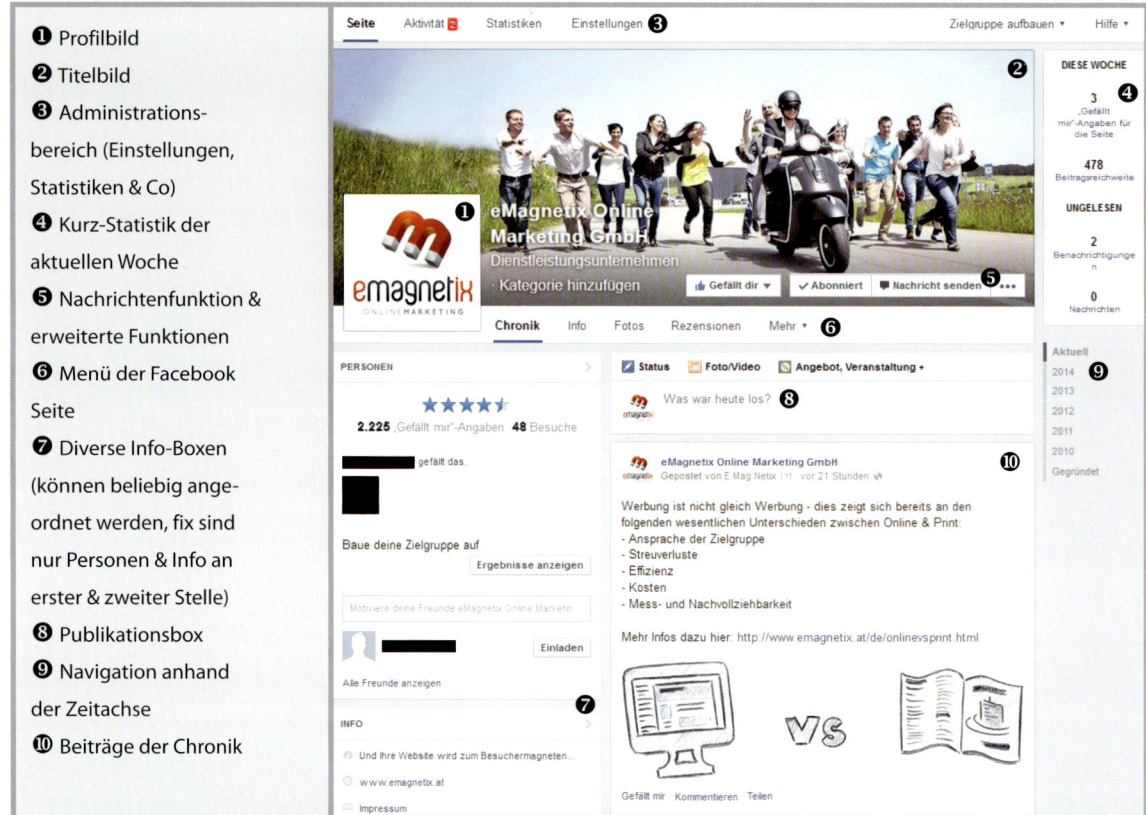

Quelle: www.facebook.com/eMagnetix

12 Schritte zum Aufbau einer Facebook-Seite

1. Melden Sie sich auf der Facebook-Seite an.

Voraussetzung für eine Facebook-Seite ist ein persönlicher Facebook-Account.

2. Klicken Sie auf den Link „Seite erstellen" auf Facebook oder rufen Sie die URL www.facebook.com/pages/create auf.

3. Wählen Sie die entsprechende Branche bzw. Kategorie für das Unternehmen.

Je nach ausgewählter Kategorie und Branche sind unter „Seiteninfo" verschiedene Angaben verfügbar. Eine Übersicht über alle Seitenkategorien und Info-Felder finden Sie online unter www.emagnetix.at/eh14

4. Vergeben Sie einen aussagekräftigen Namen für Ihre Seite und geben Sie eine passende Beschreibung an. Beachten Sie die Richtlinien von Facebook! Da diese Richtlinien laufend überarbeitet werden, lesen Sie die aktuellen Angaben bei Interesse direkt online nach: www.emagnetix.at/eh28

5. Vergeben Sie die Facebook-Webadresse, auch Kurz-URL oder Vanity-URL genannt. Wählen Sie dazu eine „vereinfachte" URL für die Facebook Seite.

- **Achtung:** diese Kurz-URL kann nur einmal vom Administrator geändert werden!
- **Tipp 1:** Überlegen Sie zuerst eine interne Strategie. Überlegen Sie, ob Sie auf anderen sozialen Netzwerken vertreten sind. Wenn ja, wie heißen Sie dort? Recherchieren Sie auch, was andere machen und testen Sie die Verfügbarkeit der gewünschten Vanity-URL. Legen Sie dann erst eine eigene Kurz-URL an.
- **Tipp 2:** Reservieren Sie Ihre gewünschte Kurz-URL, indem Sie eine Seite erstellen und diese auf „nicht öffentlich" einstellen, bis die Bearbeitung der Seite abgeschlossen ist. So ist die Kurz-URL reserviert und kann nicht von jemand anderem „weggeschnappt" werden. Wo Sie diese Einstellung vornehmen können, finden Sie im Schritt 11 auf Seite 88.

- **Vorgehensweise zur Änderung/Vergabe:**
  - URL: www.facebook.com/username aufrufen oder direkt bei der Erstellung der Seite eingeben
  - Unter „Meine Facebook-Internetadresse erstellen" Seite aus dem Dropdownmenü auswählen
  - Nutzernamen eingeben und auf „Verfügbarkeit prüfen" klicken
  - Wenn dieser Nutzername verfügbar ist, klicken Sie zum Speichern auf „Bestätigen"
  - Achten Sie auch auf Groß- und Kleinschreibung.
- **Beispiele für Vanity-URLs von Unternehmen:**
  - www.facebook.com/cocacola
  - www.facebook.com/Starbucks
  - www.facebook.com/eMagnetix

6. Nach dem Ausführen dieser Schritte erhalten Sie von Facebook automatisch einen kurzen Rundgang mit den wichtigsten Informationen und Einstellungen Ihrer Seite.

7. Geben Sie unter „Einstellungen" > „Seiteninfo" weitere Daten zur Unternehmensbeschreibung an. Die eingegebenen Daten werden unter „Info" angezeigt.

Quelle: www.facebook.com/almesberger

- Die Info-Felder sind je nach Branche und Kategorie der Seite unterschiedlich. Identisch bei allen Seitenkategorien ist die Info „Impressum". Ein Impressum ist Pflicht auf Facebook. Es müssen die entsprechenden Angaben hinterlegt werden.
- Verwenden Sie bei der Unternehmensbeschreibung und den Daten relevante Keywords.

8. Laden Sie ein Profil- und Titelbild hoch.

- Für das Titelbild gibt es ebenfalls Richtlinien von Facebook. Diese können direkt online nachgelesen werden: www.emagnetix.at/eh22
- Titelbild und Profilbild können auch „ineinander übergehen" bzw. kombiniert werden. Beispiel:

❶ Profilbild
❷ Titelbild

9. Sie haben die Möglichkeit, Fotoalben und Videos hinzuzufügen.

10. Da Facebook-Seiten auch von mehreren Nutzern verwaltet werden können, gibt es unter „Einstellungen“ > „Rollen für die Seite“ die Möglichkeit, weitere Administratoren hinzuzufügen und entsprechende Rollen zu vergeben. Details finden Sie unter: www.emagnetix.at/eh15

11. Nehmen Sie folgende Einstellungen sorgfältig vor:

- **Während der Bearbeitung die Seite auf „nicht öffentlich“** schalten und erst nach Vervollständigung der Daten sichtbar machen.
  „Einstellungen“ > „Allgemein“ > „Sichtbarkeit der Seite“
- **Beitragsoptionen:** In diesen kann definiert werden, ob andere Nutzer Inhalte posten oder Fotos und Videos hinzufügen dürfen. Um den Dialog mit dem Kunden zu ermöglichen, gewähren Sie den Nutzern dieses Recht.
- **Nachrichten-Funktion:** In dieser kann die Möglichkeit, dass private Nutzer Seitenbetreiber via private Nachrichten kontaktieren, aktiviert oder deaktiviert werden. Aktivieren Sie diese Funktion. Nicht jeder Nutzer möchte sein Anliegen öffentlich auf der Facebook-Seite vorbringen.
- **Länder- und Altersbeschränkungen** sollten je nach Zielgruppe gewählt werden.
- **Beiträge**, die gewisse Begriffe enthalten, **können blockiert werden**. Diese Begriffe können selbst definiert werden.
- **Antworten auf Kommentare:** Mit dieser Funktion sind direkte Antworten auf einen Kommentar möglich. Aktivieren Sie diese Funktion für den besseren Dialog mit dem Kunden.
- **Benachrichtigungen:** Dank dieser Funktion erhalten Sie eine Benachrichtigung, wenn neue Postings, Kommentare oder Nachrichten auf Ihrer Seite vorhanden sind. Aktivieren Sie diese, um rasch auf neue Beiträge reagieren zu können.

12. Erstellen Sie Meilensteine.

Die Facebook-Seite kann nicht nur aktuelle Ereignisse darstellen, sondern auch die komplette Unternehmensgeschichte. Dafür gibt es die Möglichkeit, Meilensteine zu erstellen. Meilensteine zeigen die Geschichte oder wichtige Ereignisse des Unternehmens in chronologischer Reihenfolge.

Quelle: www.facebook.com/gmachl.hotel

18 Tipps für richtige Postings

1. Erstellen Sie einen Redaktionsplan (wann welche Postings, zu welchem Thema, mit welchem Inhalt, von wem, ...) und legen Sie eine klare Strategie fest. Ein Beispiel für einen Redaktionsplan finden Sie im Kapitel „Webredaktion" auf Seite 83.

2. Beobachten Sie genau, welche Inhalte bei der Zielgruppe gut ankommen und stimmen Sie Ihre künftigen Postings darauf ab.

3. Die kontinuierliche Erstellung von Inhalten ist wichtig. Die Inhalte sollten einen Mehrwert bieten. Bedenken Sie aber, dass der Nutzer nicht „zugespamt" werden soll.

4. Gestalten Sie virale Inhalte, um einen Multiplikator für den Inhalt zu schaffen. Die Inhalte sollten so aufbereitet werden, dass sie spannend, relevant oder unterhaltend sind. Ziel ist, dass die Inhalte geteilt und weitergegeben werden. Videos und Bilder können dazu beitragen.

5. Achten Sie auf die Länge des Postings. Mit Postings, die kürzer als 80 Zeichen sind, erreichen Sie eine höhere Interaktionsrate.

6. Hinterlegen Sie eine klare Call to Action (Kommentieren, Liken, Teilen, Klick auf einen Link, etc.).

7. Verfassen Sie eigene Posts für die Facebook-Seite. Kopieren Sie keine Inhalte von Website, Newsletter, etc.

8. Verwenden Sie keine ausgefallenen Fremdwörter, Fachbegriffe oder Fachjargon. Bleiben Sie in der Sprachwelt der Zielgruppe.

9. Akzeptieren Sie die Wünsche und das Feedback der Nutzer und reagieren Sie darauf. Schaffen Sie auch Raum für Diskussionen.

10. Helfen Sie dem Leser mit Informationen wie Tipps, Tricks, Beispiele, Erfahrungen oder Meinungen. Die Informationen müssen nicht immer aus dem eigenen Unternehmen sein. Es gibt auch Interessantes aus der Branche, der Region, verwandte Themen von Partnern oder Lieferanten.

11. Auch lustige und unterhaltsame Beiträge können platziert werden. Integrieren Sie auch externe Inhalte (z.B. von YouTube) oder witzige Geschichten aus dem Unternehmen und seinem Umfeld. Gewähren Sie dem Besucher Einblicke und posten Sie auch Fotos und Beiträge „hinter den Kulissen". Wichtig dabei ist nur, dass die Unterhaltung nicht zulasten eines Mitarbeiters oder Kunden geht.

12. Beziehen Sie Ihre Fans aktiv ein. Stellen Sie gezielte Fragen oder holen Sie die Meinung der Fans ein.

13. Bieten Sie materiellen Vorteil über Gewinnspiele oder exklusive Angebote. Dies sollte aber nicht der einzige Weg sein, um Fans zu gewinnen. Wählen Sie einen guten Mix aus verschiedenen Beiträgen. Es soll sich lohnen, Fan zu sein bzw. einer zu werden.

14. Schreiben Sie aktuelle und relevante Posts und stellen Sie keine veralteten Infos online. Teilen Sie auch gute Inhalte von anderen.

15. Berücksichtigen Sie die mobilen User. Achten Sie darauf, kurz und prägnant zu schreiben.

16. Achten Sie auf den Zeitpunkt, wann der Content veröffentlicht wird. Überlegen Sie, wann Ihre Zielgruppe online ist (auch außerhalb der Geschäftszeiten) und nehmen Sie auch Bezug auf aktuelle Ereignisse oder Umstände (z.B. Wetter).

17. Verwenden Sie Verlinkungen von Personen und Seiten in einem Posting (Mentions).

Mit dieser Funktion können andere Personen oder Seiten direkt in die Statusupdates oder Kommentare eingefügt und verlinkt werden (getagged werden können Freunde, Freunde von Freunden oder gelikte Seiten). Setzen Sie dafür einfach das @-Zeichen ein und schreiben Sie danach die ersten Buchstaben der gewünschten Verlinkung (Person oder Seite). Die Vorschläge werden automatisch angezeigt und können verlinkt werden.

Quelle: Facebook

Quelle: Facebook

- Verlinkte Personen oder Seiten werden über die Markierung informiert.
- Vorteil bei Kommentaren: die direkte Reaktion mit @-Mention auf den Kommentar des entsprechenden Nutzers löst eine automatische Benachrichtigung aus (Dialog/Kommunikation).

18. Verwenden Sie Hashtags (#).

- **Thementagging**: wer in einem Statusupdate einfließen lassen möchte, auf welches Thema sich das Posting bezieht, kann einen Hashtag einfügen. Dafür gibt es keine Vorschläge vom System. Es kann jedes Wort und jede Zeichenkombination zum Hashtag werden.
- **Klickt man auf einen Hashtag**, so gelangt man auf eine Seite mit allen Beiträgen, die mit dem Hashtag gekennzeichnet wurden und kann dabei auch direkt einen eigenen Beitrag mit dem Hashtag verfassen. Wichtig ist die Freigabe der Beiträge: Die Privatsphäre-Einstellungen bleiben erhalten und man kann nur die Beiträge sehen, für die man auch eine Berechtigung hat. Wenn man also einen Hashtag hinzufügt und möchte, dass auch andere Personen den Beitrag sehen, muss man ihn öffentlich teilen.
- **Sucht man einen bestimmten Hashtag**, ist dies durch die Facebook-Suche von z.B. #marketing oder #wien möglich

Quelle: www.facebook.com/gmachl.hotel

13 Tipps um Likes (Fans) zu generieren

1. Alle aktiven Mitarbeiter sollten Fan werden und die Seite teilen bzw. Freunde einladen.

2. Bewerben Sie die Facebook-Seite auch offline (URL auf Prospekten, Visitenkarten, Flyern, Rechnungen, Angeboten, Produktverpackungen, ...) oder laden Sie Ihre Kunden direkt ein, Fan zu werden. Tun Sie das über unterschiedliche Kanäle, wie Newsletter, Mailing, Rechnungen, Angebote, …

3. Setzen Sie einen gut sichtbaren Link von der Website auf die Facebook-Seite. Binden Sie zusätzlich eine Like Box ein oder verwenden Sie andere Social Plugins: www.emagnetix.at/eh16

4. Platzieren Sie den Link zur Facebook-Seite auch in der E-Mail-Signatur.
Diese Platzierung ist auch zur Bewerbung von Gewinnspielen gut geeignet.

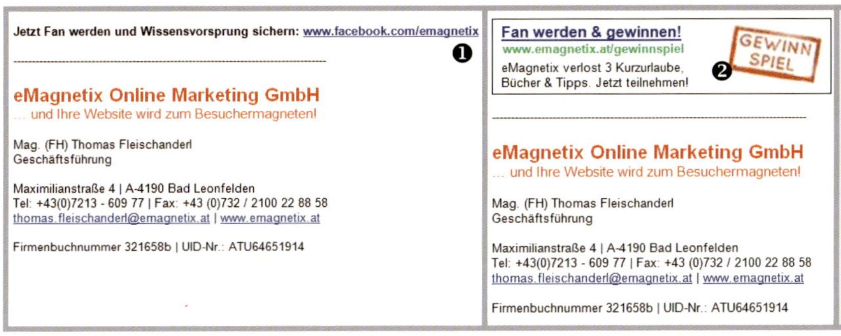

❶ Link zur Facebook-Seite
❷ Link zum Gewinnspiel

5. Erstellen Sie im Newsletter eigene Beiträge zur Bewerbung der Seite.
Beispielsweise, wenn die Seite neu erstellt wurde, beim Erreichen einer gewissen Anzahl von Fans oder bei einem Facebook-Gewinnspiel. Platzieren Sie auch Social Plugins (z.B. verlinktes Facebook Logo im Footer).

6. Bewerben Sie die Seite auch in anderen Kanälen wie z.B. XING, Twitter & Co (Cross-Media). Zeigen Sie die Vorteile für Facebook-Fans gleich dort auf.

7. Nutzen Sie die Facebook-Werbung (S. 95) zur Bewerbung Ihrer eigenen Seite. Die Zielseite sollte direkt die Facebook-Seite des Unternehmens sein.

8. Posten Sie in anderen Gruppen, um auf die Seite aufmerksam zu machen.

9. Kontaktieren Sie andere Seiten und promoten Sie Ihre eigene Seite (Verlinkung auf andere Seiten).

10. Verwenden Sie Hashtags und erreichen Sie so eine neue Zielgruppe.

11. Posten Sie relevante und gute Inhalte. Fans können neue Fans bringen, indem sie die Seite weiterempfehlen oder Beiträge teilen.

12. Antworten Sie auf Beiträge, Kommentare und Nachrichten Ihrer Fans. Legen Sie einen Fokus auf Kommunikation und Interaktion und nicht nur auf Werbung.

13. Bewerben Sie spezielle Angebote nur für Facebook-Fans. Die Fans sehen diese in ihrem News Feed und haben dadurch einen Vorteil gegenüber den „Nicht-Fans“ (Rabatte, Gutscheine, Aktionen, …).

Erfolgskontrolle

Anzahl der Fans

Die Anzahl der Fans zeigt die Reichweite einer Facebook-Seite. Man kann aber keine Rückschlüsse auf deren Aktivitäten ziehen. Durch das Kaufen von Fans kann dieser Wert leicht manipuliert werden.

Reaktionszeit

Die Reaktionszeit gibt an, wie schnell und wie häufig auf Beiträge und Kommentare reagiert wird. Je nach Seite muss man individuell bewerten, wie „gut“ die Reaktionszeit ist. Legen Sie intern ein Ziel für die Reaktionszeit fest.

Interaktionen bzw. Engagement

Einzelbetrachtung einzelner Beiträge nach Anzahl der Postings, Inhalten, Kommentaren, Likes, ...

Vergleich mit anderen Seiten über „Statistiken“ > „Seiten im Auge behalten“
Über diese Statistiken können neue „Gefällt mir“-Angaben, Beiträge der Woche und Interaktionen der Woche verglichen werden.

People Talking About This (PTAT)

Diese Kennzahl zeigt jene Personen, die über die Seite sprechen. Es geht hier um die Aussage darüber, wie viele Personen über die Facebook-Seite oder die Beträge gesprochen haben. Zu finden auf der Facebook-Seite unter „Gefällt mir“-Angaben.

Quelle: Facebook

Weitere Kennzahlen in den Statistiken

- „Gefällt mir“-Angaben (Zeitverlauf, Entwicklung, Quelle, …)
- Reichweite (Beitragsreichweite, „Gefällt mir“-Angaben, Verborgene Beiträge & Spam, Gesamtreichweite, beliebte Beiträge, …)
- Besuche (Seitenaufrufe, Seitenaktivitäten, externe Verweise, beliebte Reiter, …)
- Beiträge (zu welchen Tagen und Zeiten sind die Fans der eigenen Seite online, Übersicht aller Beiträge mit Reichweite und Interaktionen)
- Nutzer („Deine Fans“, „Erreichte Nutzer“, „Interaktive Nutzer“, „Besuche“, demographische Daten zu den Nutzern)
- Der Zeitraum der Auswertung kann frei gewählt werden. Die Daten können als Excel oder CSV-Datei exportiert werden.

Das Tracking der Daten ist auch via Google Analytics (S. 29) möglich. Damit können zusätzliche Daten, wie die Besuchsdauer, gemessen werden.

Experten-Tipps 1/2

Andere Nutzer können Änderungen für eine Facebook Seite vorschlagen. Diese können unter „Einstellungen“ > „vorgeschlagene Änderungen“ eingesehen werden. Beachten Sie diese Vorschläge. Vielleicht sind hier gute und wertvolle Tipps der Community dabei.

Beachten Sie die Urheberrechte bei Bildern. Verwenden Sie nur Bilder, für die Sie auch die entsprechenden Rechte besitzen (auch bei „Facebook-Werbung“ auf Seite 95).

Definieren Sie auch bei automatisierten Postings klare Verantwortlichkeiten, um zu gewährleisten, dass die Ziele auch erreicht werden bzw. Personen sich auch zuständig und verantwortlich fühlen. Die Verantwortlichkeiten sollten von Anfang an klar definiert sein.

Beiträge können auch im Vorhinein erstellt und mit Datum und Uhrzeit versehen werden. Geplante Beiträge können im Nachhinein auch noch geändert und bearbeitet werden. Klicken Sie dazu auf das Uhren-Symbol bei der Eingabe des Postings.

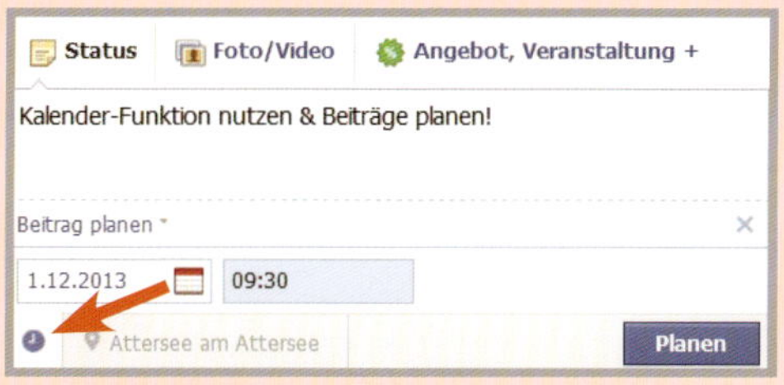

Quelle: Facebook

Legen Sie sich einen Plan zurecht, wie Sie auf negative Postings reagieren.

Animieren Sie die Nutzer dazu, Ihre Seite zu bewerten. 1 bis 5 Sternchen können vergeben werden.

Quelle: Facebook

Verwenden Sie den URL Shortener für Postings (z.B. Bitly.com oder Goo.gl). Links können durch URL Shortener verkürzt werden und bieten so die Möglichkeit einer Messung (z.B. wie viele Nutzer auf einen Link geklickt haben). Die verkürzten Links werden dann einfach in das Posting kopiert.

Verwenden Sie die Funktion „Oben fixieren“ oder „Hervorheben“ für wichtige Einträge.

- Die Fixieren-Funktion kann immer nur für ein Posting verwendet werden. Der Beitrag wird ganz oben an der Chronik fixiert und steht immer an erster Stelle.
- Hier können wichtige Beiträge, die ansonsten durch aktuellere Beiträge „verdrängt“ werden, fixiert werden.
- Fahren Sie mit der Maus über ein Posting. Es erscheint rechts oben ein kleiner Pfeil. Bei Klick auf diesen Pfeil erscheint das Menü, in dem die Option ausgewählt werden kann (siehe Screenshot S. 94).
- Wurde der Beitrag oben fixiert, wird er mit einer orangen „Schleife“ markiert und 7 Tage lang an oberster Stelle angezeigt.
- Die Funktion kann genauso wieder rückgängig gemacht werden.

Eperten-Tipps

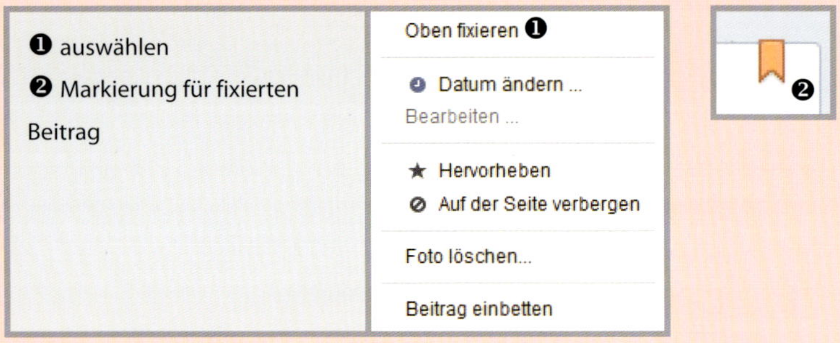

Quelle: Facebook

Lesen Sie inspirierende Erfolgsgeschichten und holen Sie sich Anregungen unter www.facebook.com/business/success

Nicht die Anzahl der Fans ist ausschlaggebend, sondern deren Engagement (Interaktion)!

Testen Sie Ihre Fan-Page mit externen Tools, um viele interessante Infos herausfinden, z.B. wann die eigenen Fans am aktivsten sind. Beispiel Tool: www.1-2-social.de/fanpage-check

Posts können durch Social Media Dashboards automatisiert werden (z.B. HootSuite). Damit können Social Media Kanäle organisiert werden. HootSuite ist für bis zu 5 Soziale Profile inklusive der Basis-Funktionen kostenlos. Der PRO Account mit bis zu 100 Sozialen Profilen kostet nur ein paar Euro im Monat und lohnt sich für jene, die das Tool intensiver nutzen und mehrere Accounts dadurch verwalten möchten (www.hootsuite.com). Neben HootSuite gibt es auch noch andere Tools, die genutzt werden können: Social Hub, Social Media Marketing Suite, Sip Social, Sprout Social, Alternion, Swayy, BuzzBundle, …

Facebook-Werbung

Was ist das?

Auf Facebook können kostenpflichtige Werbeeinschaltungen platziert werden, die je nach gewählter Zielgruppe platziert und den potentiellen Kunden angezeigt werden. Diese Werbeanzeigen können sinnvoll in den Marketing-Mix eines Unternehmens integriert werden.
Der Nutzer ist auf Facebook nicht aktiv auf der Suche nach einer bestimmten Dienstleistung oder einem bestimmten Produkt (wie z.B. in Suchmaschinen), nimmt aber Anzeigen durchaus wahr. Die Conversion Rate ist bei Einschaltungen auf Facebook meist niedriger als beispielsweise bei Google AdWords Kampagnen (Unterschied Bedarfsdeckung & Bedarfsweckung), dafür ist die Erfolgsrate bei der Fan-Gewinnung deutlich höher.

Es gibt 2 unterschiedliche Werbemöglichkeiten auf Facebook:

- Der Nutzer wird **innerhalb von Facebook** auf eine Seite, einen Beitrag oder eine App verlinkt. Es entsteht eine nachhaltige Bindung an das Unternehmen bzw. die Marke. Die Qualität des Inhaltes der Facebook-Seite ist sehr wichtig.
- Der Nutzer wird **außerhalb von Facebook** auf eine Landingpage, Website oder einen Online Shop verlinkt. Der Nutzer verlässt Facebook und wird durch die Verlinkung direkt dazu angehalten, Umsatz durch Käufe oder Buchungen zu machen.

Was bringt mir das?

- Es sind extrem viele Daten über die Facebook-Nutzer vorhanden (demographische Informationen, geografische Informationen, Interessen, ...). Diese Daten können Sie bei der Zielgruppendefinition zu Ihrem Vorteil nutzen.
- Sie können Streuverluste weitgehend ausschließen, da Sie die Zielgruppe aufgrund persönlicher Informationen sehr genau definieren können. Je präziser die Zielgruppe definiert wird, desto geringer sind die Streuverluste.
- Die Anzeigen haben auf Facebook eine sehr hohe Reichweite.
- Das Einbeziehen von Freunden und die Ansprache von „Freunden von Fans“ ist via Facebook möglich.

Facebook-Werbung im Überblick

Platzierung der Anzeigen

- **Rechte Spalte (Right-Hand Side):**
  Anzeigen sind nur auf der Desktop-Version und Tablets im Browser sichtbar (nicht in der App).

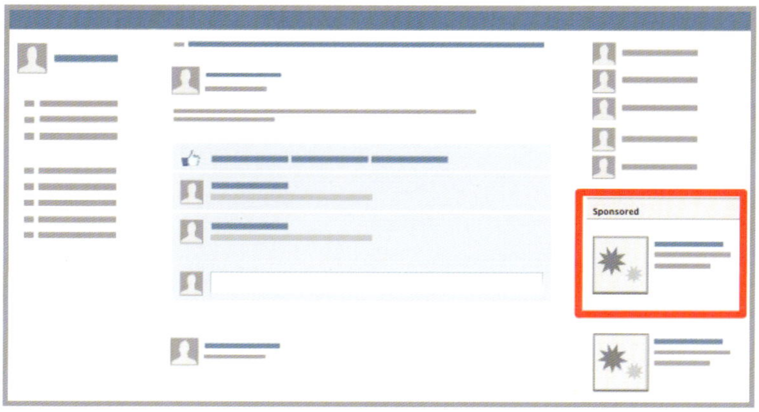

Quelle: Facebook

- **Neuigkeiten (Newsfeed):**
  Können zusätzlich zur Desktop-Version von Facebook auch in der mobilen App dargestellt werden.

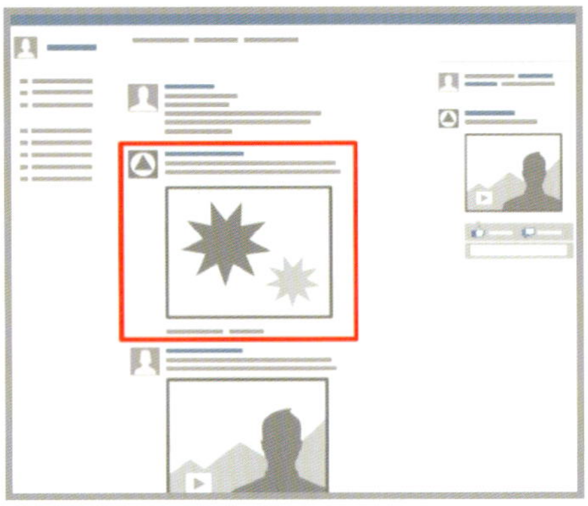

Quelle: Facebook

Quelle: Facebook

- **Sie können bestimmen, wo die Anzeigen geschaltet wird:**
  Neben der Platzierung auf der rechten Seite oder im Newsfeed können Sie die Anzeigen auch auf bestimmten Geräten platzieren. Dabei sind Einschränkungen, wie z.B. nur iOS, nur Android oder nur iOS iPhone möglich.

Aufbau

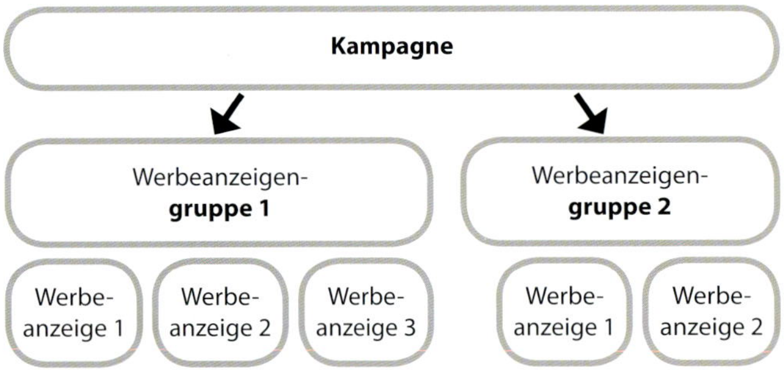

- **Kampagne:** Das Ziel sollte pro Kampagne definiert werden. Pro Kampagne können mehrere Werbeanzeigengruppen definiert werden.
- **Werbeanzeigengruppe:** Auf dieser Ebene wird das Budget definiert. Ebenfalls wird auf dieser Ebene die Zielgruppe festgelegt. Auch die Platzierung der Anzeigen (rechte Spalte, ...) und das Gebot werden auf dieser Ebene definiert.
- **Werbeanzeigen:** Werbeanzeigen sind den jeweiligen Werbeanzeigengruppen untergeordnet. Auf dieser Ebene werden die Anzeigen gestaltet (Design, Inhalt, Texte, ...).

Die Abrechnung kann auf zwei verschiedene Arten erfolgen. Wir empfehlen, je nach Ziel, die verschiedenen Abrechnungsmethoden zu testen.

- **CPC – Cost per Click:** Die Bezahlung erfolgt hier pro Klick auf die Anzeige, unabhängig davon, wie oft die Werbung angezeigt wurde. Klickpreise orientieren sich an der Klickrate der Anzeige: je höher die Klickrate, desto niedriger der CPC.
- **CPM oder TKP:** Die Bezahlung erfolgt hier pro 1.000 Impressionen (Platzierungen), unabhängig davon, wie oft auf die Anzeige geklickt wurde.

Das Budget kann ebenfalls auf zwei verschiedene Arten definiert werden.

- Tagesbudget: Maximaler Betrag, der pro Tag ausgegeben werden soll.
- Laufzeitbudget: Maximaler Betrag, der in einer bestimmten Laufzeit ausgegeben werden soll.
- Sobald das Budget aufgebraucht ist, wird die Anzeigenschaltung von Facebook bei beiden Varianten gestoppt.

- Das Budget ist transparent und leicht kontrollierbar. Man kann bereits ein sehr geringes Budget angeben. Ein Test lohnt sich!

Die Bezahlung erfolgt entweder via PayPal, Kreditkarte oder Lastschriftverfahren. Je nach Land sind verschiedene Zahlungsmethoden verfügbar. Die Rechnungen müssen digital aus dem Werbekonto heruntergeladen werden.

14 Schritte zum Aufbau einer Facebook-Werbung

1. Sie benötigen eine Facebook-Seite mit Administratoren-Zugang (siehe Seite 85).

2. Klicken Sie auf „Werbeanzeige erstellen" in der Fußzeile von Facebook, wählen Sie direkt auf der Facebook-Seite den Menüpunkt „Werbeanzeige erstellen" oder rufen Sie folgende URL auf: www.facebook.com/ads/create.

3. Definieren Sie die Ziele der Werbung (z.B. Conversions, Impressionen, Klick auf Website).

4. Wählen Sie die gewünschte Art der Werbeanzeigen (je nach Zieldefinition).
Pro Werbeanzeige kann nur eine Kategorie ausgewählt werden.

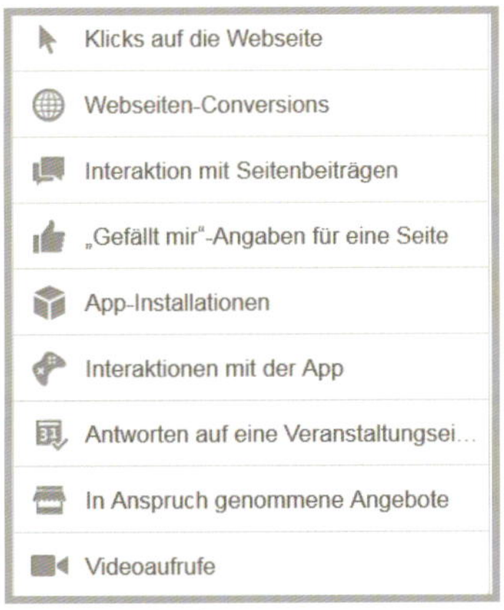

Quelle: Facebook

- **Klicks auf Webseite:** Der Link führt nicht zur Facebook-Seite, sondern auf eine externe Website.
- **Webseiten-Conversions:** Führt ähnlich wie bei „Klicks auf die Website" auf eine externe Website, mit dem Unterschied, dass Facebook die Möglichkeit bietet, eine Conversion-Pixel (einen Code, der an Facebook die Information übermittelt, dass die Seite aufgerufen wurde und der Nutzer über Facebook kam) auf der Website zu hinterlegen, um bestimmte Aktionen (Conversions) messen zu können.
- **Interaktionen mit Seitenbeiträgen:** Hervorheben von Postings („Gesponsert") einer Fanpage.

❶ Markierung für hervorgehobenes Posting

Quelle: Facebook

- **„Gefällt mir"-Angaben für eine Seite:** Werbeanzeigen über „Gefällt-mir"-Angaben einer bestimmten Facebook Seite. Klickt der Freund eines Nutzers auf „Gefällt mir", erhält der Nutzer den Eintrag als gesponsertes Posting in seinem News Feed angezeigt und wird dazu animiert, auch „Gefällt mir" zu klicken, weil es sein Freund ebenfalls getan hat.

Quelle: www.facebook.com/ETI.Austria

- **Installationen einer App & Interaktionen mit der App:** Selbes wie für normale Postings – nur mit Apps.
- **Zu-/Absagen für die Veranstaltung:** Hier können erstellte Veranstaltungen beworben werden.
- **In Anspruch genommene Angebote:** Angebote, die über Facebook erstellt wurden, können beworben werden.
- **Videoaufrufe:** Werbeanzeige, um Nutzer zum Abspielen eines Videos zu bewegen.

5. Folgende Punkte sollten bei der Anzeigenerstellung beachtet werden:

- Relevanz für den User
- Call to Action integrieren
- USP integrieren
- Text, Überschrift und Bild müssen aufeinander abgestimmt werden

6. Erste Werbeanzeige erstellen.

- Titel eingeben (max. 25 Zeichen)
- Text eingeben (max. 90 Zeichen)
- Bild auswählen (optimale Größe: 1200 x 627 Pixel). Details zu den einzelnen Bildern und aktuellen Formaten finden Sie im Produktleitfaden für Werbeanzeigen: www.emagnetix.at/eh17
  Achtung bei den Bildern: Diese dürfen nicht mehr als 20 % Text enthalten!
- Ziel-Landingpage (je nach Anzeige) auswählen

Quelle: www.facebook.com/eMagnetix

7. Wählen Sie aus, auf welchen Geräten und in welchem Bereich (rechte Spalte/Neuigkeiten) die Werbung angezeigt werden soll. In diesem Schritt wird eine Vorschau erstellt, die zeigt, wie die Anzeige aussehen wird.

8. Wählen Sie die Zielgruppe aus.

Mögliche Auswahlkriterien:

- **Ort** (Land, Stadt, Umkreis zu einer bestimmten Stadt)
- **Alter** (von/bis)
- **Geschlecht** (alle, Männer, Frauen)
- **Präzise Interessen:** Den User anhand von Interessen ansprechen (frei definierbar). Wird von Facebook anhand von Seiten, „Gefällt mir"-Angaben, Interessen und Aktivitäten zugeordnet. Interessen, die mit # markiert sind, beinhalten auch ähnliche Interessen. Beispiel: „#Reisen" beinhaltet „Reisetipps"
- **Erweiterte Kategorien**
    - Personengruppen, die gemeinsame Interessen aufweisen
      Beispiel: Aktivitäten in Zusammenhang mit „Kochen und Essen"
    - Kategorien werden anhand der Angaben zugeordnet, die in den Chroniken der Nutzer angegeben sind.
- **Verbindungen:** Es werden nur Nutzer angesprochen, die eine bestimmte Verbindung zur Seite oder App haben. Zur Auswahl steht, ob der Nutzer bereits Fan der Seite ist, ob er noch nicht Fan der Seite ist oder ob Nutzer angesprochen werden sollen, deren Freunde bereits Fan der Seite sind.
- **Freunde von Verbindungen:** Einschränkung auf Personen, deren Freunde bereits mit der Seite oder App verbunden sind.
- **Interessiert an** (alle, Männer, Frauen)
- **Beziehungsstatus** (alle, Single, in einer Beziehung, verheiratet, verlobt, nicht angegeben)
- **Sprachen:** Diese Angabe erfolgt dann, wenn die Zielgruppe eine andere Sprache spricht, als am angegeben Ort üblich ist.
- **Ausbildung** (alle, SchülerIn, StudentIn, HochschulabsolventIn)
- **Arbeitsplätze:** Ansprache von Personen, die für ein bestimmtes Unternehmen oder eine bestimmte Organisation arbeiten.

9. Vergeben Sie einen Kampagnennamen (nur bei der ersten Anzeige notwendig) oder wählen Sie einen aus.

10. Vergeben Sie einen Werbeanzeigengruppen-Namen (beim ersten Mal) oder wählen Sie einen aus.

11. Vergeben Sie das Budget.

12. Erstellen Sie den Zeitplan der Kampagne.

- Start- und Enddatum festlegen, oder
- Kampagnen ab heute dauerhaft anzeigen.

13. Legen Sie die Gebote fest.

- Kosten pro Klick (CPC)
- Kosten pro 1000 Impressionen (CPM oder TKP)
- Wir empfehlen die Auswahl „Kosten pro Klick", damit ist eine bessere Steuerung der Kosten möglich.

14. Geben Sie die Bestellung auf und geben Sie die Zahlungsdaten ein.

Die Zahlungsdaten müssen nur bei der Erstellung der ersten Anzeige angegeben werden.

- Kreditkarte oder PayPal
- Lastschrift (in Österreich aktuell noch nicht verfügbar)

16 Tipps für Facebook-Werbung

☑ **Beachten Sie die Richtlinien:** www.emagnetix.at/eh29

☑ Eine schnellere und effektivere Bearbeitung der Anzeigen kann über das Google Chrome Plugin **„Power Editor“** vorgenommen werden. Hier bietet Facebook die Möglichkeit, Werbeanzeigen zu erstellen und zu bearbeiten (effektiver und schneller als online) und diese dann in das Werbekonto zu importieren.

☑ **Wählen Sie die Zielgruppe sorgfältig** und so exakt wie möglich aus. Facebook bietet sehr viele, genaue Möglichkeiten. Beispiele für mögliches Targeting:

- Targeting „nur Männer“ oder „nur Frauen“, in einer Beziehung, verlobt, verheiratet, … Ansprache mit speziellem Text „Überraschen Sie Ihre Frau“ oder Valentinsangebote, …
- Spezielle Angebote für Eltern mit Kinder in gewissem Alter – z.B. Eltern mit Kinder von 4 bis 12: Kinder bis 9 im Zimmer der Eltern gratis, …
- Spezielle Kampagnen und Angebote für Frischvermählte – z.B.: Geschenk zum Hochzeitstag, …
- Spezielle Kampagnen und Angebote für Frischverlobte – z.B.: Hochzeitslocations, …
- Spezielle Angebote für Geburtstagskinder (Kategorie: Geburtstag in 1 Woche)

☑ Verwenden Sie **hochwertige Bilder** (Produkte, Menschen, …). Die Auswahl soll zum Facebook-Stil passen, aber auch kreativ sein.

☑ Testen Sie **verschiedene Bild-Variationen**, beispielsweise mittels A/B-Testing (Rahmen, Farben, …).

☑ Erstellen Sie **zwei bis drei verschiedene Anzeigen pro Kampagne** und testen Sie, welche am besten funktioniert (Bild, Text, Zielseite, …).

☑ **Tauschen Sie Bilder und Texte kontinuierlich aus.** Um „AdBurnout“ zu verhindern, nehmen Sie die Änderungen beispielsweise fix 1x pro Woche vor und achten Sie genau auf die Kennzahl „Frequenz“. Die Frequenz gibt an, wie oft eine Werbeanzeige im Durchschnitt für einen Nutzer geschaltet wurde. Wird die Zahl zweistellig, erneuern Sie das Bild, den Text oder die Zielgruppe der Kampagne.

☑ **Formulieren Sie Werbetexte kurz und prägnant** und bauen Sie eine Call to Action („Jetzt informieren“, „Jetzt anfragen“, ...) ein. Versuchen Sie unverwechselbare, kreative Texte und Titel zu schreiben.

☑ **Wählen Sie die richtige Zielseite** oder erstellen Sie eine eigene Zielseite für Facebook. Beachten Sie, dass alle Informationen auf der Zielseite zu finden sein müssen.

☑ **Verwenden Sie die Targeting-Option**, die es erlaubt, die Freunde der Fans anzusprechen.

☑ **Aktivieren Sie zur Werbeanzeige Soziale Aktivitäten.** Die Fans sehen, welchem der Freunde und wie vielen Freunden die Seite bzw. der Beitrag bereits gefällt.

Quelle: www.facebook.com/eMagnetix

☑ **Überdenken Sie die Struktur der Anzeigen** und beschriften Sie so, dass direkt klar wird, welche Anzeige hinter der Bezeichnung steckt.

☑ Wählen Sie **pro Kampagne nur ein Ziel, ein Anzeigenformat und eine Zielgruppe.**

☑ **Kontrollieren und optimieren Sie die Kampagne regelmäßig.** Klickpreise anpassen, Klickraten beachten, Kampagnen nach Conversions optimieren, ...

☑ **Nutzen Sie die verschiedenen Möglichkeiten der Facebook-Werbung** (Sponsored Posts, Facebook Ads, ...). Facebook ändert diese Möglichkeiten laufend. Bleiben Sie up to date und informieren Sie sich über verschiedene Blogs: Anette Schwindt, Thomas Hutter, AllFacebook.de, ...

Erfolgskontrolle

- Nutzen Sie das Controlling über **Facebook Conversion-Tracking**, wenn innerhalb von Facebook verlinkt wird oder durch Tracking-URLs, wenn auf eine externe Website verlinkt wird. Eine Tracking-URL können Sie über das Google-Tool zur URL-Erstellung generieren: www.emagnetix.at/eh18
- **Im Werbeanzeigenmanager:** www.facebook.com/ads/manage
- **Im Menüpunkt Kampagnen**
    - Hier finden Sie eine Übersicht über die Kampagnen, Werbeanzeigengruppen und Werbeanzeigen. Folgende Daten können eingesehen werden: Kampagne, Status, Bereitstellung (ob Werbeanzeige gerade geschaltet wird oder nicht), Ergebnisse (Anzahl der Aktionen, die auf Basis des definierten Ziels erreicht wurden), Kosten pro Ergebnis, Reichweite (Anzahl der Personen, die die Werbeanzeigen gesehen haben), Startdatum, Enddatum, Budget, heute ausgegeben, Gesamtausgaben, ...
    - Diese Daten sind auch auf Anzeigen-Ebene verfügbar. Dort stehen noch zusätzliche Informationen zur Verfügung wie Frequenz (Anzahl, wie oft die Werbeanzeige durchschnittlich jeder Person angezeigt wurde), Klicks, Durchklickrate, Höchstgebot (CPC oder CPM) oder durchschnittlicher Preis.
    - Hier kann die Anzeige im Detail betrachtet werden. Auch die definierte Zielgruppe wird dargestellt.
    - Der Zeitraum der Daten ist frei auswählbar.
- **Im Menüpunkt „Berichte“** können verschiedene Daten (Klicks, Impressionen, Reichweite, Frequenz, ...) in einen Bericht exportiert werden (CSV oder Excel).
- Alle **Kennzahlen sind mit einem kleinen Fragezeichen gekennzeichnet.** Dahinter finden Sie die genaue Bedeutung der Kennzahlen.
- **Analysieren Sie auch durch die Tracking URLs Daten in einem Analysetool.**
  Vorteil: alle Kanäle (SEO, AdWords, ...) werden in einem Tool dargestellt. Hier könnten beispielsweise auch die Conversions, die in Google Analytics für die Facebook Anzeigen definiert wurden, und andere Aktivitäten über Facebook, gemessen werden. Wir empfehlen die Verwendung von Google Analytics. Adaptieren Sie dafür den Google Analytics Tracking Code. Anleitung: www.facebook.com/business/google-analytics (Details zu Google Analytics auf Seite 29)

Experten-Tipps 1/2

- Behalten Sie für den **Wiedererkennungswert die Corporate Identity** des Unternehmens und der Facebook-Seite auch in den Facebook-Werbeanzeigen bei.
- **Überlegen Sie die Kampagnenstruktur genau.**
  Mischen Sie keine Ziele der Werbeanzeigen. Definieren Sie pro Ziel der Werbeanzeigen eine eigene Werbeanzeigengruppe und machen Sie eine eigene Werbeanzeigengruppe für die jeweiligen Zielgruppen. Sie sollten pro Kampagne ein eigenes Ziel definieren (Branding, Klicks, ...). Durch diese Trennung kann das Budget sinnvoll auf die Kampagnen verteilt werden. Wichtig ist es ebenfalls, die Arten der Werbeanzeigen (siehe „Aufbau“ auf Seite 96) nicht zu mischen.
- Bei der Schaltung von Kampagnen in internationalen Zielgebieten sollten Sie die **kulturellen Unterschiede und Bedürfnisse** genau berücksichtigen (Sprachgebrauch, Farben, Bilder, ...).

Experten-Tipps 2/2

- Verwenden Sie **Remarketing auf Facebook**. Nutzer, die sich bestimmte Produkte und Seiten auf der Website angesehen haben, sollten auch auf Facebook wieder angesprochen und daran „erinnert“ werden.
- Verwenden Sie **Sonderzeichen in den Texten**.
- Anzeigen und Bilder sollten **auf einen Blick verständlich** sein. Halten Sie die **Texte kurz und prägnant** und verwenden Sie **aussagekräftige Bilder**. Die Nutzer können in den Texten auch direkt angesprochen werden und konkrete Angebote präsentiert bekommen.

Xing

Was ist das?

XING ist ein **soziales Netzwerk für berufliche Kontakte**, hat über 14 Millionen Mitglieder weltweit (Stand: Dezember 2013) und 66.000 Fachgruppen, um sich online austauschen zu können. Diese Plattform bietet die Möglichkeit, nach Mitarbeitern, Aufträgen, Kooperationspartnern, fachlichem Rat, uvm. zu suchen und sich entsprechend zu vernetzen. XING hat im deutschsprachigen Raum klar die Nase vorne, international steht LinkedIn an der Spitze.

Zur XING AG gehört seit 2013 die Plattform Kununu, der Marktführer im Bereich Arbeitgeberbewertungen und Employer Branding im Web. Auf Kununu kann man sich als Arbeitgeber anonym von Mitarbeitern bewerten lassen. Kununu und XING bieten ein gemeinsames Profil an: das Employer Branding-Profil.

Was bringt mir das?

XING ist im deutschsprachigen Raum Marktführer im Bereich der beruflichen Kontakte und **bietet Ihnen für Ihr Unternehmen viele Vorteile**:

- Sie können sich einfach und schnell mit Geschäftspartnern vernetzen.
- Sie können sich von potetiellen Kunden finden lassen.
- Es lassen sich, unabhängig von Städte- und Ländergrenzen, schnell und einfach neue Geschäftskontakte knüpfen. So können auch im Ausland schnell Kooperationspartner bzw. private Kontakte gefunden werden.
- Sie können über diese Plattform Ihren Ruf als Arbeitgeber aktiv gestalten, Ihr Unternehmen attraktiv präsentieren, aktuelle Informationen für Bewerber bieten, Einblicke in den Arbeitsalltag gewähren und sich von den Mitarbeitern auf Kununu bewerten lassen.
- Sie haben die Möglichkeit sich selbst und Ihr Unternehmen mittels Bildern, Videos und Texten als Arbeitgeber und als Geschäftspartner zu präsentieren („Was zeichnet mich aus?", Räumlichkeiten, Arbeits zeiten, …).
- XING ermöglicht es, gezielt qualifizierte Mitarbeiter zu akquirieren.
- Sie können sich als Dienstleister präsentieren und werden bei der Suche gefunden (Steigerung der Sichtbarkeit – auch in Suchmaschinen).
- Über diese Plattform werden die Mitarbeiter und auch die Geschäftsleitung eines Unternehmens optimal präsentiert. Jeder kann sich darüber informieren, wer die Gesichter hinter dem Unternehmen sind. Dies gilt in gleichem Maße für die Präsentation als Arbeitgeber.
- Mittels XING kann man sich über Interessenten umfassend informieren. Dies gilt für Mitarbeiter und auch für Kunden.
- Der Wissensaustausch mit Experten kann zeit- und ortsunabhängig stattfinden.
- Durch die hohe Qualität von XING schaffen Sie Vertrauen für potentielle Mitarbeiter, neue Geschäftspartner und Kunden (Trust-Elemente).
- Sie steigern über XING ihre Bekanntheit und gestalten aktiv den Ruf Ihres Unternehmens und Ihrer Person (siehe Kapitel „Online Reputation Management" auf Seite 113).

In 6 Schritten zum persönlichen XING Profil

1. Geben Sie Ihre Daten für die Registrierung an:

Vorname, Nachname, E-Mail und Passwort

2. Lesen und akzeptieren Sie die Datenschutzbestimmungen und AGB.

3. Klicken Sie auf „Kostenlos registrieren".

4. Sie erhalten eine E-Mail mit einem Bestätigungslink. Um die Registrierung abzuschließen bzw. das Profil zu aktivieren, klicken Sie auf den Link im Bestätigungsmail. Sie werden automatisch zu Ihrem XING-Profil weitergeleitet.

5. Geben Sie Informationen über die derzeitige Beschäftigung an:
Beruflicher Status, Stellenbezeichnung, Unternehmen, Land, Dienstort, ...

6. Das Profil ist nun angelegt und soll vollständig mit folgenden Informationen befüllt werden:

- Kontaktdaten (Adresse, E-Mail, Telefon, ...)
  Es besteht die Möglichkeit, berufliche und private Kontaktdaten separat einzugeben.
- Profilbild und Profilspruch
- Ich biete ... (Kenntnisse, Fähigkeiten, Erfahrungen in Fachgebieten)
- Ich suche ... (Themen, Kontakte)
- Berufserfahrung (Zeitraum, Position, Tätigkeit, Unternehmen, ...)
- Ausbildung (Studium, Ausbildung, Weiterbildung)
- Sprachen
- Qualifikationen (Zertifikate, Abschlüsse)
- Auszeichnungen (Awards, Platzierungen, firmeninterne Auszeichnungen, ...)
- Ehrenamtliche Tätigkeiten in Organisationen und Vereinen
- Interessen, Hobbys und Freizeitaktivitäten abseits des Berufes
- Geburtsdatum

In 8 Schritten zum XING Employer Branding Profil

1. Um ein Unternehmensprofil auf XING zu erstellen, braucht man ein persönliches Profil. Falls das noch nicht besteht, ist bei XING ein neues Profil zu registrieren und die oben angeführten Schritte vorzunehmen. Ansonsten melden Sie sich bei XING an.

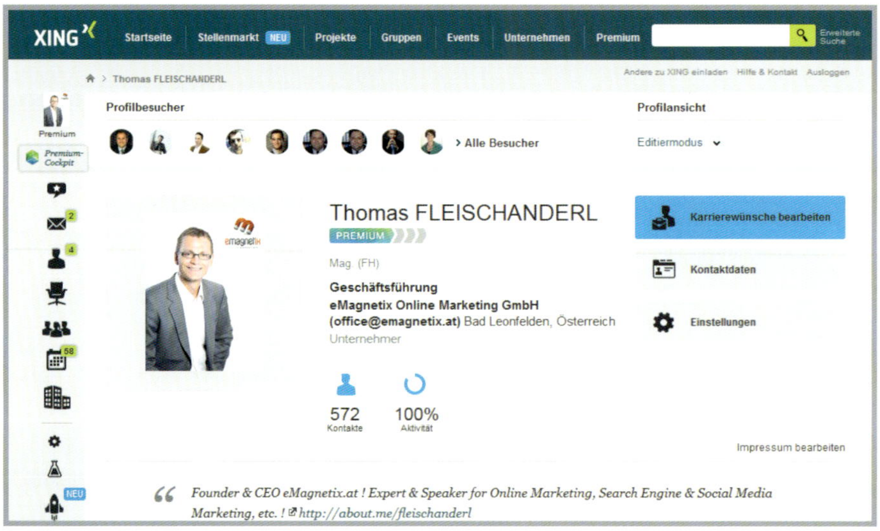

Quelle: XING

2. Wählen Sie im Menü „Unternehmen" > „Unternehmensprofil anlegen".

3. Wählen Sie zwischen kostenpflichtigem (ab € 395 pro Monat) und kostenlosem Profil. Wir empfehlen für den Anfang die Nutzung der kostenlosen Version, da diese alle Basisfunktionen abdeckt.

4. Kontrollieren Sie, ob der Unternehmensname korrekt geschrieben ist. Dieser wird aus dem eigenen Profil > „Arbeitgeber" übernommen.

5. Klicken Sie auf „Bestellen".

6. Laden Sie Ihr Logo hoch und tragen Sie die Kurz-Informationen (Branche, Gründungsjahr, Unternehmensgröße, ...) zu Ihrem Unternehmen ein.

7. Fügen Sie unter „Über uns" eine ausführliche Beschreibung des Unternehmens inklusive Link zum Impressum ein.

8. Damit ist das Profil angelegt und nach der Freigabe durch XING für alle Nutzer sichtbar.

10 Tipps zur Optimierung des persönlichen XING-Profils

1. Füllen Sie Ihr Profil unbedingt vollständig aus und aktualisieren Sie dieses regelmäßig, um stets up to date zu sein.

2. Wählen Sie ein seriöses und authentisches Profilbild, welches zur Branche passt.
Der Blick bzw. Körper sollte nach rechts zeigen und den Leser somit in Richtung Inhalt leiten (Bildgröße Profilbild: 140x185 Pixel).

3. Der Profilspruch sollte auf das Zielpublikum ausgerichtet sein und bietet Platz, um einen ersten Eindruck zu machen. Hier können beispielsweise Fachkenntnisse kurz beschrieben oder die Neugierde des Profilbesuchers mit einem kreativen Spruch geweckt werden. Besonders empfehlenswert ist der Einbau eines Links zur eigenen Website oder der Mail-Adresse.

4. Der Bereich „Ich biete" sollte unbedingt mit aussagekräftigen Keywords befüllt werden, um über die erweiterte Suche gefunden zu werden. Hier sollen die TOP Stärken und Qualitäten aufgelistet werden, nicht jedoch allgemeine Floskeln wie Teamfähigkeit oder Kommunikationsstärke. Zielführender sind Begriffe wie SAP-Kenntnisse, Projektmanagement oder Software Engineering.

5. Gleiches gilt für den Bereich „Ich suche" – auch diese Angaben werden über die XING-interne Suche gefunden. Hier sollte stets spezifiziert werden, was man genau sucht. Ist man an Kontakten interessiert, so sollte explizit ausgedrückt werden, um welche Kontakte aus welchen Branchen es sich handelt.

6. Geben Sie detailliert Ihre Berufserfahrung an (berufliche Stationen und Positionen).

7. Verleihen Sie Ihrem Profil anhand der Interessen Persönlichkeit.
Im Networking spielt der menschliche Faktor eine bedeutende Rolle. So können beispielsweise gemeinsame Interessen die Basis für eine Kontaktaufnahme bzw. Geschäftsbeziehung darstellen.

8. Treten Sie Gruppen bei. Die Mitgliedschaft in Gruppen unterstreicht nochmals die Interessen und hilft dabei, sich ins rechte Licht zu rücken. Darüber hinaus dient es als Trust-Element. Zusätzlich wird man durch die Beiträge in den Gruppen stets über die Neuigkeiten zu einem Thema auf dem Laufenden gehalten.
WICHTIG: Qualität vor Quantität! Treten Sie nicht sämtlichen Gruppen bei, sondern nur jenen, deren Inhalt auch tatsächlich von großem Interesse für Sie ist und wo Sie vielleicht auch einen Beitrag (Fragen/Antworten) leisten können.

9. Besondere Fähigkeiten und Zertifikate sollten im XING-Profil nicht fehlen. Heben Sie sich von der Masse ab und unterstreichen Sie Ihre eigene Qualifikation (Trust-Element).

10. Neben den Profildetails, die einem Lebenslauf ähneln, besteht auch die Möglichkeit, weitere wissenswerte Informationen in Form eines Portfolios darzustellen. Dieses Portfolio bietet die Möglichkeit, sowohl Textmodule als auch Bilder hinzuzufügen und PDFs hochzuladen. Unter „Privatsphäre" können Sie festlegen, ob dem Besucher des Profils die Details oder das Portfolio zuerst angezeigt werden sollen.

Quelle: XING

9 Tipps zur Optimierung des kostenlosen Employer Branding Profils

1. Mitarbeiter zum Profil hinzufügen

XING generiert automatisch eine Mitarbeiterliste. Damit diese vollständig ist, müssen die Mitarbeiter den Firmenwortlaut korrekt in ihrem Profil eintragen. Beispiel: Wenn das Unternehmensprofil mit dem Namen „eMagnetix Online Marketing GmbH" erstellt wurde, müssen die Mitarbeiter genau diesen Wortlaut in ihrem Profil eintragen.

2. Von der eigenen Homepage auf das XING-Unternehmensprofil verlinken

Der nötige Quelltext wird von XING angeboten und kann einfach an der gewünschten Stelle auf der eigenen Website eingebunden werden.

3. Sichtbarkeit erhöhen

Unter „Einstellungen" die Option „Dieses Unternehmensprofil soll für Suchmaschinen auffindbar und für Nicht-XING-Mitglieder sichtbar sein" auswählen.

4. Abonnenten regelmäßig über Neuigkeiten informieren, um nicht in Vergessenheit zu geraten. Informieren Sie über neue Jobs, Produkte, Projekte, Preise, Kampagnen, …

5. Vom Monolog zum Dialog

Um vom Monolog zum Dialog mit den Kunden zu kommen, haken Sie bei den Einstellungen „Neuigkeiten können kommentiert werden" an (siehe Abbildung oben).

6. Mitarbeiter können Unternehmensprofile weiterempfehlen

Diese Empfehlung ist für alle Kontakte des jeweiligen Mitarbeiters sichtbar.

7. Struktur in das Unternehmensprofil bringen

Definieren Sie Zwischentitel, setzen Sie Aufzählungszeichen uvm. Beispiel:

- Das Unternehmen – wer sind Sie, was bieten Sie, für wen ist das interessant/relevant?
- Leistungen – Infos zu Spezialitäten und Expertise
- Referenzen – diese schaffen Vertrauen
- Besonderheiten – USP, Persönliches, Awards, andere Profile

8. Nicht auf das Impressum vergessen

Derzeit läuft noch ein Rechtsstreit, ob XING-Profile impressumspflichtig sind. Wir empfehlen, auf Nummer sicher zu gehen!

9. Keywords einbauen

Mit welchen Keywords möchten Sie gefunden werden? Hilfreich ist es, wenn man sich in den Kunden hineinversetzt und überlegt, wie er denkt. Wichtig ist, dass die Keywords nicht zu allgemein gehalten werden. Beispiel: Sie sind SAP-Berater und möchten daher auch mit „SAP-Berater" oder „SAP-Beratung" gefunden werden. Prüfen Sie, ob das Keyword in der Unternehmensbeschreibung vorkommt – wenn ja, wo (Title, Claim, 1. Satz, ...) und wie häufig? Auch hier gilt: das Keyword nicht zu häufig verwenden. Der Text muss leserlich bleiben und zwar für Menschen, nicht für Maschinen! So schaffen Sie es auf die erste Seite der Suchergebnisse, hängt aber auch noch von anderen Faktoren ab (z.B. regionale Nähe).

Erfolgskontrolle

Im persönlichen Profil ist **die Anzahl der Profilbesuche** am Ende des Profils sichtbar. Prüfen Sie, ob Anfragen kamen oder neue Kontakte geknüpft werden konnten. Wenn nicht, sollten Sie überlegen, wie Sie Ihr Profil attraktiver gestalten können, um den Erwartungen der Profilbesucher zu entsprechen. Ein Premium Account bietet die Möglichkeit zu sehen, welche XING-Nutzer das eigene Profil besucht haben.

Nur beim kostenpflichtigen **Employer-Branding-Profil** gibt es eine **Reporting- und Statistikfunktion**.

- Anzahl der Besucher (Woche, Monat oder Jahr stehen zur Auswahl) + Vergleich zur Vorperiode
- Besucherquellen (Suchmaschine, Social Media, XING oder über Links)
- Wer hat mein Profil aufgerufen?

Experten-Tipps

- **Ansprechpartner via XING finden**
  - * als Platzhalter verwenden.
    Beispiel: bei der Suche nach PLZ mit 4 an 1. Stelle: 4* eingeben, so werden alle PLZ auf OÖ durchsucht. Vorausgesetz als Land ist Österreich ausgewählt.
  - OR um mindestens 1 von 2 Suchbegriffen zu finden. Trennen Sie gesuchte Begriffe mit einem OR.
    Beispiel: Marketing OR Sales
  - Setzt man Suchbegriffe unter Anführungszeichen, werden nur Ergebnisse angezeigt, in denen die Wortgruppe vorkommt.
    Beispiel: bei der Suche nach „Online Marketing" werden nur Einträge angezeigt, die die Wortgruppe beinhalten (z.B. eMagnetix Online Marketing GmbH).
  - Setzen Sie ein Minus vor das Wort, das in den Suchergebnissen ausgeschlossen werden soll.
    Beispiel: bei der Suche „-Marketing" werden nur Einträge gefunden, in denen das Wort „Marketing" nicht vorkommt.
- **Abonnenten Ihres Profils interessieren sich für Ihr Unternehmen**
  Informieren Sie sie auch über wohltätige Aktionen, Leistungen von Mitarbeitern (z.B. Lehrabschlussprüfung), Incentives, … – Nach dem Motto „Tu' Gutes und rede darüber".
- **Aktiv im Netzwerk bewegen**
  Nutzen Sie Ihr persönliches Profil (Geschäftsführer, Mitarbeiter) aktiv und bewegen Sie sich im Netzwerk. So werden andere Nutzer auf Sie aufmerksam.
- **Neuigkeiten teilen**
  Neuigkeiten sollten auch von Mitarbeitern geteilt werden, um noch mehr Kontakte zu erreichen.
- **Profil vollständig ausfüllen**
  Bei gleicher Relevanz wird ein umfangreiches Profil im Suchergebnis weiter oben angezeigt als ein unvollständiges Profil.

YouTube

Was ist das?

Der Marktführer YouTube (im Bereich der Videoportale) gehört Google und ist seit seiner Entstehung 2005 das bekannteste, kostenlose Videoportal im Internet. YouTube ist die zweitgrößte Suchmaschine und ein wesentlicher Bestandteil im Bereich der Universal Search. Etwa 30 % des europäischen Festnetz-Download-Datenverkehrs entsteht laut www.social-secrets.com durch YouTube. Die Präsenz des eigenen Unternehmens bei YouTube **wirkt sich also auch auf die Suchmaschinenergebnisse aus**.

Was bringt mir das?

Videoportale gibt es viele, denn Videos sind ein beliebtes Medium zur Unterhaltung, Information und Weiterbildung. YouTube hält sich dank seiner **hohen Anzahl an Nutzern** an der Spitze und **bietet Ihnen vielerlei Vorteile**:

- Die Chance, Ihre Zielgruppe über YouTube wirklich zu erreichen, ist aufgrund der Vielzahl an Usern hoch.
- Kostenlose Nutzung für Produzenten und Betrachter – keine Einstiegsbarrieren oder Zusatzkosten.
- Die Nutzung ist einfach und intuitiv. Sie setzt kein großes Know-how voraus.
- Die selbstständige Einrichtung und Gestaltung eines Unternehmenskanals ist möglich.
- Die Verbreitung der Videos ist sehr einfach, da die Einbindung auf nahezu allen Systemen (z.B. CMS, Facebook) möglich ist.
- Mit YouTube erreichen Sie somit auch eine einfache Positionierung in der Social Media Landschaft.

In 3 Schritten zum YouTube Kanal

1. Bei YouTube anmelden

- Gehen Sie auf www.youtube.com
- Loggen Sie sich mit Ihrem bestehenden Google Konto ein.
  Wenn Sie noch kein Google Konto haben, erstellen Sie ein neues (siehe Seite 120).

2. Kanal (Channel) konfigurieren

- Klicken Sie auf Ihr erstelltes Profil rechts oben und wählen Sie „Mein Kanal" aus.
- Legen Sie einen aussagekräftigen Namen für Ihren Kanal fest. Dieser sollte, wenn möglich, ähnlich sein wie auf anderen Kanälen (z.B. Facebook, Google+).
- Geben Sie mit einem passenden Profilbild (Unternehmensbild, Logo, ...) dem Kanal noch eine persönliche Note.
- Der Beschreibungstext sollte wichtige Informationen zum Unternehmen und Keywords beinhalten.

3. Auswahl der richtigen Videos

- Veröffentlichen Sie nicht nur bereits bekannte Videos (z.B. Firmenportraits, Imagefilme).
- Beachten Sie:
  - Videos müssen keine HighEnd Produktionen sein, der Inhalt zählt.
  - Videos sollen dem Nutzer/Kunden einen Mehrwert bieten.
  - Videos sollen neue Nutzer/Kunden anlocken.
  - Videos sollen abwechslungsreich sein.
- Versteifen Sie sich nicht zu sehr auf PR. Veröffentlichen Sie auch Videos, die andere interessante Aspekte und Momente zeigen. Beispielsweise können Sie Mitarbeiter in den Fokus stellen (Ausflüge, Feiern) oder humorvolle Videos (Take-Outs eines Imagefilms, etc.) publizieren.

- Ideen für weitere Inhalte: Messeauftritte, Interviews mit Mitarbeitern, Entstehung eines Produktes, Küchentipps, How-to-Anleitungen oder Vorstellung einer neuen Kosmetiklinie.

Optimierung des YouTube Kanales und der Videos

Die Optimierung des Kanales kann über „Mein Kanal" > „Kanalinfo" bei den jeweiligen Eingabefeldern vorgenommen werden. Informationen zum Video können entweder während des Uploads, oder nachträglich über den Video-Manager (direkt über das Video oder Dashboard erreichbar) eingegeben werden.

Videotitel

- Der Titel (Überschrift des Videos) weckt das Interesse der Zielgruppe.
- Die Keywords stehen im Titel voran, der Brand (Firmenname) zum Abschluss.
- Der Titel gibt die wichtigsten Infos zum Video an und soll spannend wirken.
- Der Titel soll so kurz wie möglich gehalten werden. Bei den YouTube-Suchergebnissen sind 100 Zeichen inkl. Leerzeichen möglich, bei Google-Suchergebnissen für vollständige Anzeige nur 55 Zeichen.

Beschreibung

- Geben Sie interessante und wichtige Infos zuerst an. Nur die ersten zwei Zeilen in den YouTube-Suchergebnissen und die ersten zwei bis drei Zeilen auf der Seite des Videos sind besonders relevant. Diese sind auch bei „eingeklappter" Darstellung sichtbar.
- Von der Beschreibung werden ca. 95 Zeichen in der Google-Suchergebnisliste angezeigt. Die ersten ein bis zwei Sätze sind daher im Idealfall optimiert (d. h. Keywords sind eingebaut).
- Die Beschreibung soll für den User ansprechend und gut lesbar sein. Übertreiben Sie es mit den Keywords im Beschreibungstext nicht, sondern integrieren Sie diese natürlich in den Text.
- Geben Sie Links zu Playlists, zum Kanal, zum Abonnieren des Kanals oder zu anderen Websites an.

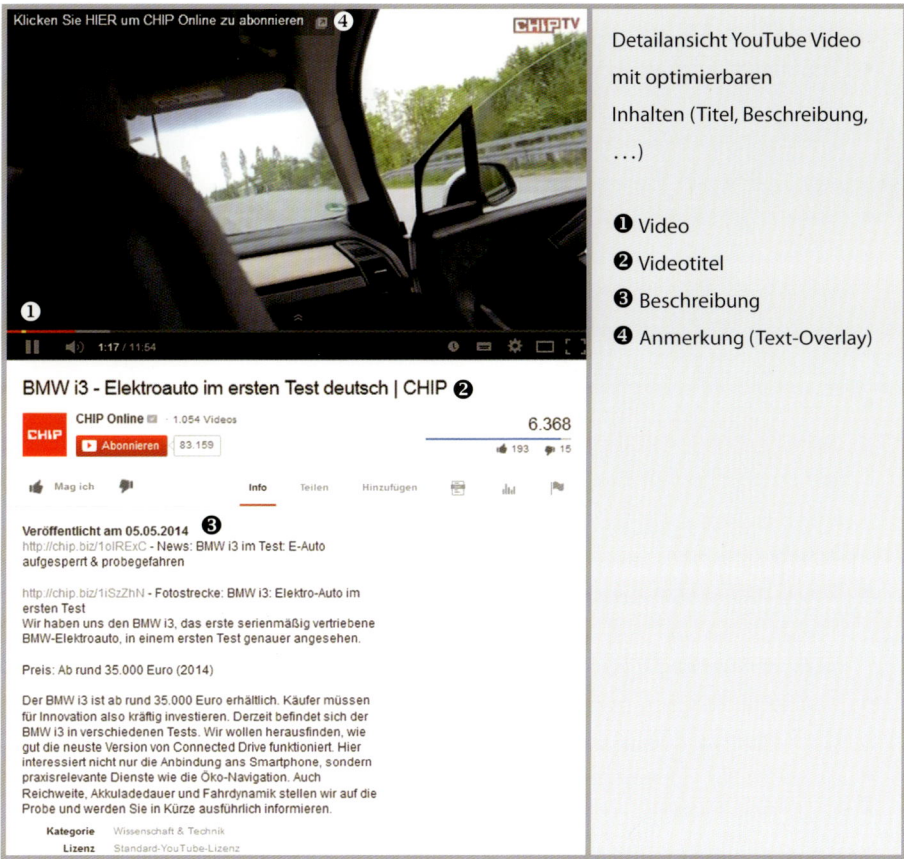

Detailansicht YouTube Video mit optimierbaren Inhalten (Titel, Beschreibung, ...)

❶ Video
❷ Videotitel
❸ Beschreibung
❹ Anmerkung (Text-Overlay)

Quelle: YouTube

Tags

- Tags sind Stichworte/Schlagworte und sollen den Inhalt/Themenbereich des Videos beschreiben.
- Diese können frei gewählt und definiert werden.

- Setzen Sie Keyword-Wortgruppen unter Anführungszeichen.
- Geben Sie ausreichend Tags für die genaue Beschreibung des Inhaltes an.
- Verwenden Sie eine Mischung aus allgemeinen und spezifischen Tags.
  Vermeiden Sie themenfremde Tags, da das Video sonst nicht beachtet oder bereits nach kurzer Zeit abgebrochen wird.
- Die Reihenfolge der Tags entspricht deren Wichtigkeit.

Ansicht eines YouTube Channels

❶ Video
❷ Videotitel
❸ Vorschaubilder (Thumbnails)

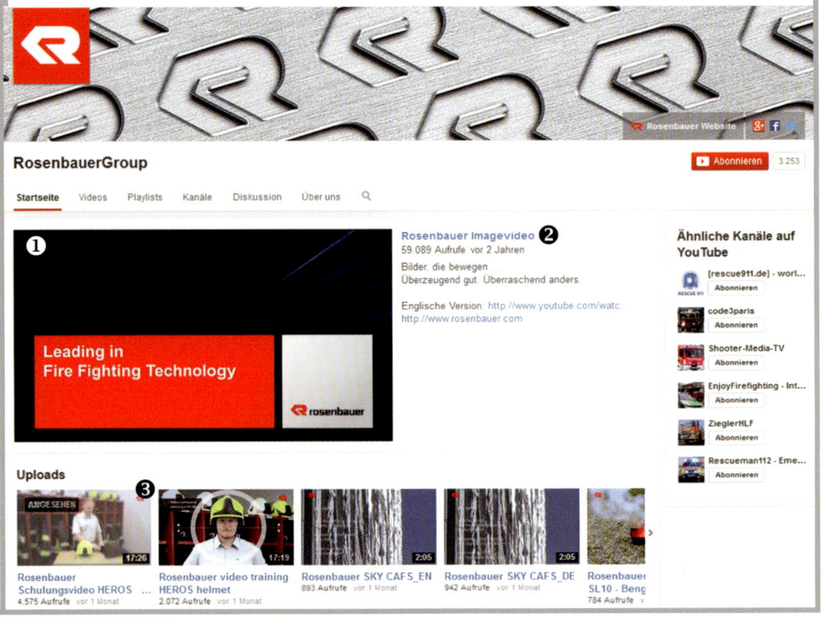

Quelle: www.youtube.com/user/RosenbauerGroup

Vorschaubilder (Thumbnails) optimieren

- Vorschaubilder werden in den YouTube-Suchergebnissen angezeigt und können direkt nach dem Hochladen des Videos definiert werden (pro Video ein Vorschaubild). Entweder es wird ein Bildvorschlag von YouTube verwendet, oder es wird ein eigenes Bild hochgeladen. Vorschaubilder können auch im YouTube Studio Videomanager geändert werden.
- Vorschaubilder stehen für den Inhalt (Betrachter kann erkennen, worum es geht) und sollen Interesse wecken, welches das Video dann auch wirklich bedient. Sonst haben Sie eine kürzere Wiedergabezeit, da der Nutzer das Video abbricht, und verschlechtern dadurch Ihr internes Ranking bei YouTube. Videos, die zwar oft geklickt, aber selten bis zum Ende betrachtet werden, werden als unqualifiziertere Videos eingestuft.
- Verwenden Sie Vorschaubilder, die von guter Qualität sind (hell und mit hohem Kontrast). Nahaufnahmen von Gesichtern, Produkten, etc. eignen sich beispielsweise sehr gut. Diese sind auf den ersten Blick gut erkennbar, auch bei einem kleinen Vorschaubild.

Transkripte nutzen

- Transkripte sind gesprochene Texte zum Nachlesen und sind sowohl im Sinne der Accessability (für gehörlose Nutzer) als auch für die Suchmaschinenoptimierung sinnvoll. Suchmaschinen können Videos nicht ansehen und nur über Transkripte und Beschreibungen zum Video deren Inhalt erfassen.
- Überarbeiten Sie das von Google erstellte Transkript und platzieren Sie dort sinnvoll Ihre Keywords. Die Keywords sollten, wenn sie inhaltlich passen, im Video bereits vorkommen.
- Laden Sie Ihr eigenes Transkript zum Video hoch.
- Auch Transkripte in zusätzlichen Sprachen, die für Ihr Unternehmen relevant sind (z.B. englische Untertitel), helfen Ihnen dabei, mehr Betrachter zu gewinnen.

Anmerkungen nutzen

- Anmerkungen sind anklickbare Overlays in Videos für Zusatzinformationen oder Interaktionsmöglichkeiten (z.B. Call to Action: Kanal abonnieren).

- Anmerkungen beinhalten
  - Verlinkungen auf ein anderes Video, auf Zeitabschnitte im Video, die Kanalübersicht oder das Google+ Profil. Die Möglichkeiten für Links sind, im Gegensatz zur Beschreibung, beschränkt. Es können keine Links auf externe Websites gesetzt werden.
  - Schaltflächen zum Abonnieren des Kanals, um Abonnenten zu gewinnen.
  - Anreize für Community-Aktivitäten (z.B. Kommentare, Likes, Teilen, ...)
  - Beispiel: Bewerbung weiterer Videos, Abonnieren

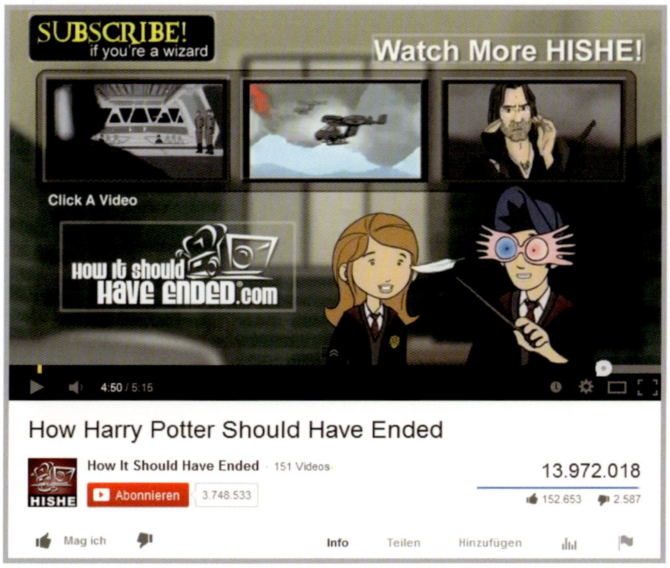

Quelle: YouTube

Kanal-Optimierung

- Der Kanalname entspricht der Kanal-URL (bestenfalls Unternehmensname), ist kurz und prägnant.
- Stärken Sie mit dem Kanalnamen eher die Marke und kein bestimmtes Keyword.
- In der Kanalbeschreibung sind die wichtigen Inhalte (was erwartet den User) zu Beginn platziert und Keywords eingebaut. Vermeiden Sie eine sinnlose Aneinanderreihung von Keywords. Setzen Sie diese eher sparsam ein.
- Das Kanalsymbol repräsentiert den Kanal, ist 800 x 800 Pixel groß und auch in kleiner Ansicht gut erkennbar.
- Ebenso repräsentiert das Kanalbild den Charakter des Kanals und soll thematisch passen. Beachten Sie, dass das Kanalbild auf jedem Endgerät (Tablet, Smartphone) unterschiedlich ausgespielt wird.
- Fügen Sie Links zur Website und zu sozialen Netzwerken hinzu, um die gesamte „Online Marke“ zu verknüpfen (1 Websitelink, 3 Links zu sozialen Netzwerken möglich). Diese werden direkt im Titelbild des Kanals angezeigt.
- Verbinden Sie den Kanal mit der Google+ Seite statt mit dem Google+ Profil. So können für die Administration andere Personen Zugriff zum Kanal erhalten.
- Beachten Sie den Kanaltrailer, denn er ist das erste Video, das der User im Kanal sieht. Wählen Sie ein existierendes Video aus oder erstellen Sie ein separates Video, das zeigt, worum es im Kanal geht und zum Abonnieren des Kanals anregt. Der Kanaltrailer verfügt ebenfalls über eine Beschreibung. (länger als 3 Zeilen, wie beim normalen Video)

Erfolgskontrolle

Mit dem integrierten Analyse-Tool können Sie folgende Analysen durchführen:

- Wie oft, wann und von welcher Zielgruppe wurden Videos geklickt?
- Von welcher Website kamen die Besucher?
- Aus welchem Themengebiet kamen die Besucher? (Möglichkeit, die Zielgruppe für Folgeprojekte zu bestimmen)
- Welche Interaktionen finden in der Community statt? (z.B. Kommentare, Likes, Favoriten)
- Wann hören die Nutzer auf zu schauen? (Verbesserungspotenzial hinsichtlich Zeitdauer der Videos erkennen)

Internes Analysetool
❶ Wie oft wurden Vidoes geklickt?
❷ Wie lange werden die Videos geschaut?
❸ Interaktion in der Community

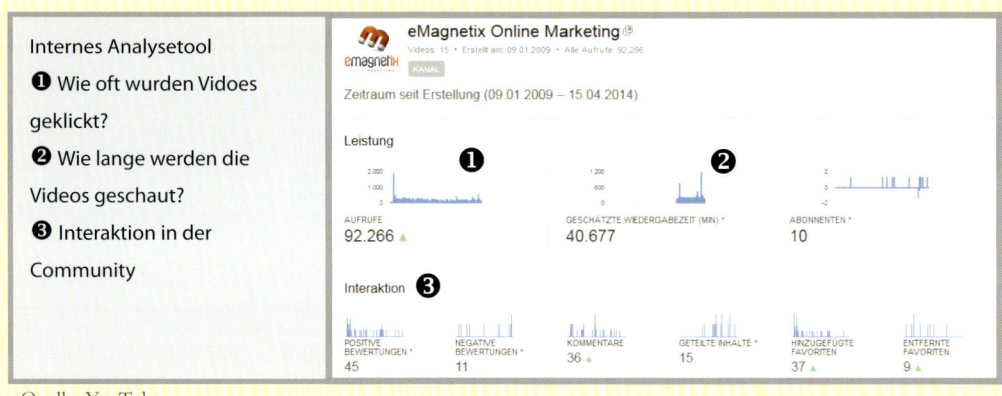

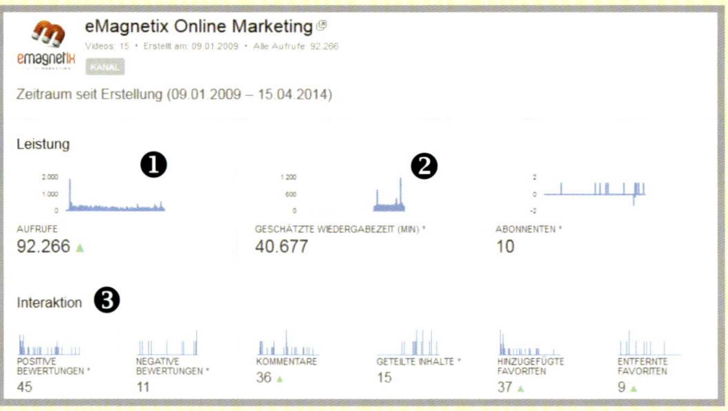

Quelle: YouTube

Experten-Tipps

- Integrieren (veröffentlichen) Sie Ihre Videos in Google My Business.
- Anstatt Videos auf der Website hochzuladen, betten Sie diese über die Codes aus YouTube auf der Website ein. Zum einen erhöht diese Maßnahme die Reichweite des Videos und zum anderen kann jene Website, auf der das Video eingebettet ist, beispielsweise via Newsletter oder anderer Medien (Facebook, ...) beworben werden. Die Nutzer kommen so auf Ihre Website und die Zugriffszahlen auf die Website erhöhen sich.
- Nutzen Sie andere Social Media Kanäle (Google+, Facebook, etc.), um Videos zu promoten.
- Posten Sie Links zu den Videos bei anderen Beiträgen auf YouTube, die thematisch zum Video passen.
- Verwenden Sie Playlists (Sammlungen bzw. mehrere hintereinander folgende Videos), wo wiederum die wichtigsten Keywords eingegeben werden, und fügen Sie diese den Videos hinzu.
- Reagieren Sie auf Kommentare zu den Videos, anstatt diese zu deaktivieren oder unmoderiert zu lassen.
- Achten Sie auf die Aktualität von Videos und fügen Sie laufend neue Videos hinzu.
- Nutzen Sie Anmerkungen, um auf wichtige Details in Videos hinzuweisen und positionieren Sie Links zur Website.
- Schaffen Sie Videos, die Emotionen erzeugen und die Menschen auf eine Weise berühren, damit sie die Videos teilen.
- Nehmen Sie im Videotitel und in den Tags den Kanalnamen mit auf. Dies erhöht die Chance, dass bei den Vorschlägen weitere Videos von Ihnen angezeigt werden.
- Fordern Sie die Betrachter in Form von Anmerkungen oder Inhalten direkt im Video auf, die Videos zu teilen bzw. eine Interaktion mit Ihnen einzugehen (Call to Action).
- Gehen Sie mit den Videos auf aktuelle Trends ein.
- Nutzen Sie die gegebenen Funktionalitäten von YouTube, um Ihr Video grafisch nachzubearbeiten oder Filter einzubauen. Zusätzlich können Sie Ihr Video mit Musik hinterlegen.
- Beachten Sie auch die allgemeinen Tipps bezüglich Universal Search Optimierung auf Seite 45.

Online Reputation Management (ORM)

Was ist das?

ORM (Online Reputation Management) ist **die aktive und kontinuierliche Arbeit am Selbstmarketing eines Unternehmens** und beinhaltet sämtliche Maßnahmen der aktiven Überwachung, Steuerung und Beeinflussung des eigenen Rufs im Internet. Durch Suchmaschinen wie Google, durch Foren oder Blogs sind negative Erfahrungen und Meinungen zu einem Unternehmen, zu einem Produkt oder einer Marke für jeden öffentlich auffindbar. Diese **negativen Einträge gar nicht erst entstehen zu lassen und gegebenenfalls entsprechend darauf zu reagieren**, ist das Ziel von ORM.

Was bringt mir das?

- ORM bringt einen dauerhaft guten Ruf.
- Durch ORM-Maßnahmen verschafft man sich einen klaren Wettbewerbsvorteil, durch den guten Ruf, der einem vorauseilt. Über 70% der Kunden recherchieren vor dem Kauf im Internet.
- Durch ORM können Sie Krisen frühzeitig erkennen und aktiv entgegenwirken.
- Mit ORM schaffen und verteilen Sie positiven Content im Internet und unterstützen so nachhaltig Ihre OffPage und OnPage SEO-Maßnahmen.

Checkliste: Recherche

☑ Keyword-Recherche

- Überlegen Sie, welche Keywords im Zusammenhang mit Ihrem Unternehmen relevant sind.
- Verwenden Sie auf jeden Fall Ihren Firmennamen/Marke und etwaige fehlerhafte Schreibweisen.
- Kombinieren Sie Ihren Firmennamen/Marke mit Ihren bekanntesten Produkten und Leistungen.
- Überlegen Sie, ob es sinnvoll ist, auch die Namen der Mitarbeiter, die Schlüsselpositionen in Ihrem Unternehmen besetzen, als Keyword zu verwenden (z.B. Max Mustermann + Firmenname/Marke).

  Details zur Keywordrecherche finden Sie auf Seite 23.

☑ Google Suggest überprüfen

- Google macht Ihnen direkt während dem Tippen im Suchfeld einen Vorschlag zu bekannten und häufigen Suchen die mit Ihrer bisherigen Eingabe übereinstimmen und zeigt diesen im Suchschlitz an. Weitere Vorschläge erscheinen darunter als eine Art Dropdown-Liste.

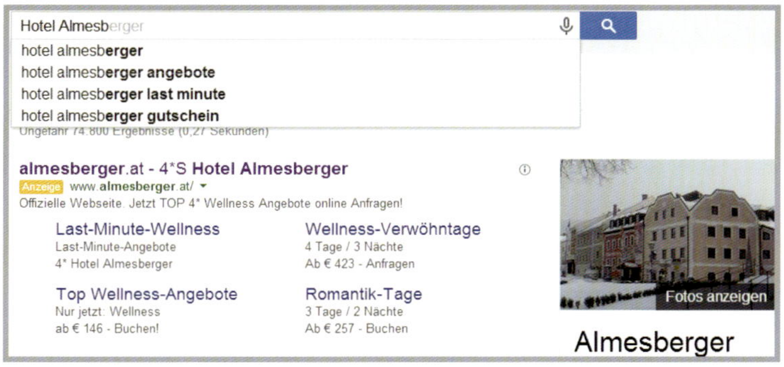

Quelle: Google

- Tippen Sie Keyword für Keyword in das Suchfeld ein und kontrollieren Sie die Vorschläge.
- Sind unerwünschte Vorschläge vorhanden? Falls ja, folgen Sie den Vorschlägen und kontrollieren Sie, was von Ihren Kunden bemängelt wurde.
- Prüfen Sie, ob Sie die Berichte kommentieren und dadurch relativieren können und versuchen Sie, mit

dem Autor in Kontakt zu treten.

- Die Vorschläge können nicht gelöscht und kaum beeinflusst werden.
- Neben Google Suggest gibt es manchmal auch „verwandte Suchanfragen", die in der Regel am Seitenende, unter den Suchergebnissen, angezeigt werden. Auch hier empfiehlt sich die gleiche Vorgehensweise wie bei Google Suggest Einträgen.

☑ Finden Sie Ihre Szene

- Suchen Sie im Internet nach Foren, Bewertungsportalen und Blogs, die Ihren Markt thematisieren.
- Erstellen Sie eine Liste mit allen relevanten Seiten und behalten Sie das Stimmungsbild im Auge.
- Nutzen Sie diese Seiten, um Erkenntnisse über den Mitbewerb zu erlangen.

☑ Nutzen Sie Google Alerts

- Ein Google Alert ist eine Benachrichtigung per E-Mail oder in einem RSS Feed, die Sie erhalten, wenn Google neue Inhalte mit von Ihnen definierten Keywords findet. Sie erfahren so von neuen Inhalten, ohne selbst aktiv werden zu müssen. Mit Ihrem Google Konto (S. 120) können Sie auf www.google.com/alerts sogenannte Alerts erstellen.
- Erstellen Sie für alle relevanten Keywords einen Alert, indem Sie im Feld „Alert erstellen für ..." einen Suchbegriff eingeben.

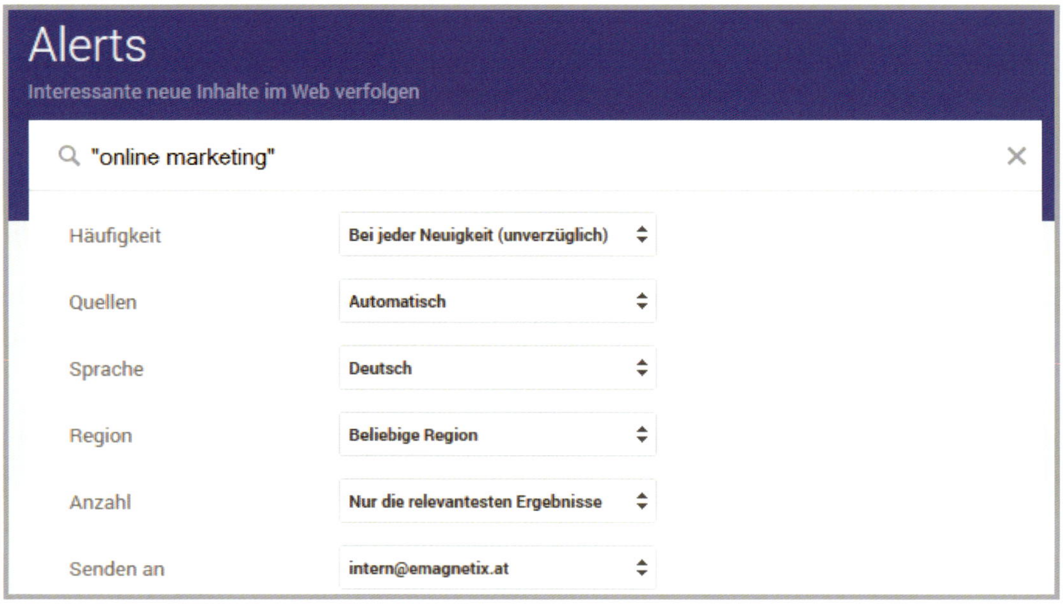

Quelle: Google Alerts

- Gehen Sie auf „Optionen anzeigen" und ein Menü klappt herunter. Wählen Sie Quellen (Blogs, News, Videos, Diskussionen, Bücher oder alles) aus, um die Auswahl einzuschränken.
- Wählen Sie die Häufigkeit, in der Sie über Neuigkeiten informiert werden wollen (bei Veröffentlichung, einmal täglich, wöchentlich).
- Unter „Anzahl" können Sie festlegen, ob Sie nur über die relevantesten Ergebnisse oder alle Ergebnisse informiert werden wollen.
- Weiters können Sie Ihren Alert auf Sprachen und Regionen beschränken.
- Unter dem Formular sehen Sie in Echtzeit, welche Art von Alerts Sie nach dem Speichern erhalten. Sie können so direkt kontrollieren, ob die Inhalte für Sie relevant sind.
- Nach dem Speichern des Alerts erhalten Sie automatisch eine E-Mail oder einen neuen Eintrag im RSS Feed, wenn Google neue Inhalte zu dem von Ihnen definierten Alert findet.
- Wenn sich Ihr Suchbegriff aus mehreren Wörtern zusammensetzt (zum Beispiel Vor- und Nachname) kann der Suchbegriff mit Anführungszeichen („Vorname Nachname") zusammengefasst werden. Sie erhalten nur eine Benachrichtigung, wenn exakt diese Kombination gefunden wurde. Wenn Sie oben genanntes Beispiel ohne Anführungszeichen definieren, werden Sie auch benachrichtigt, wenn nur der Vorname oder nur der Nachname gefunden wird.

- Bei Bedarf können Sie mit einem Bindestrich ein Wort ausschließen. Das kann zum Beispiel dann sinnvoll sein, wenn Sie Ihren Namen mit einem berühmten Fußballer teilen. Definieren Sie in diesem Fall zum Beispiel „Vorname Nachname" –Fußball. Bei diesem Beispiel werden Sie nur dann informiert, wenn der neue Inhalt Fußball nicht enthält.
- **Mit „site:"** können Sie Alerts auf eine Website einschränken (zum Beispiel Tablet site:futurezone.at). Durch diese Definition werden Sie nur über neue Inhalte, die Tablet enthalten, informiert, wenn diese auf www.futurezone.at veröffentlicht werden.
- **Mit „-site:"** können Sie eine komplette Website ausschließen (zum Beispiel Tablet -site:futerzone.at). Bei diesem Beispiel werden Sie über neue Inhalte die Tablet enthalten nur dann informiert, wenn diese nicht auf www.futurezone.at veröffentlicht werden.
- Nutzen Sie Alerts auch, um Erkenntnisse über den Mitbewerb zu erlangen und um Ihre Branche zu beobachten.
- Sie können Ihre definierten Alerts jederzeit wieder ändern und löschen.

Checkliste: Maßnahmen um aktiv für guten Ruf zu sorgen

☑ Nutzen Sie soziale Medien und PR-Instrumente.

- Soziale Medien wie Facebook, YouTube, Google+ und Twitter unterstützen einen dabei, den eigenen Ruf in positive Bahnen zu lenken.
- Verfassen Sie Pressemitteilungen zu Themen, die Ihr Unternehmen sympathisch machen und sich positiv auf Ihren Ruf auswirken.
- Achten Sie darauf, dass Ihr Benutzername in Foren, Bewertungsportalen und sozialen Medien Ihrer Unternehmensbezeichnung/Marke entspricht, damit der Zusammenhang zu Ihrem Unternehmen hergestellt werden kann.
- Sorgen Sie in sozialen Medien regelmäßig für interessanten Inhalt. Als Richtwert können Sie mit einem Posting alle zwei bis drei Tage starten und je nach stattfindender Interaktion variieren. (Details zu Facebook-Seiten siehe Seite 85)

☑ Für guten und positiven Content sorgen

- Verfassen Sie positiven Inhalt zu Ihren Leistungen und optimieren Sie den Inhalt für Suchmaschinen. (Details zur OnPage Optimierung siehe Seite 34)
- Verbreiten Sie diese Inhalte auf Ihrer eigenen Website, sozialen Medien und über Presseportale. Achtung: Vermeiden Sie Duplicate Content.
- Ermutigen Sie zufriedene Kunden, Bewertungen zu verfassen. Dafür eignen sich bei Hotels zum Beispiel E-Mails nach der Abreise, bei Onlineshops E-Mails beim Zahlungseingang oder Versand.

☑ Verwenden Sie einen Blog – Ihren Corporate Blog für ORM

- Ihr Blog bietet Ihnen eine weitere Plattform, um schlechtem Ruf vorzubeugen und negativen Suchergebnissen aktiv entgegenzuwirken.
- Erstellen Sie suchmaschinenoptimierte Beiträge, die in den Suchergebnissen vor negativen Meldungen zu Ihrem Unternehmen/Marke gefunden werden.
- Blogs sollten regelmäßig mit neuem Inhalt gefüllt werden. Google erkennt regelmäßige Aktualisierungen, wodurch der Google Bot öfter auf Ihre Website zugreift. Das trägt dazu bei, dass Ihr Beitrag schnell über Google zu finden ist.
- Sorgen Sie auch selbst dafür, dass Google von Ihrem neuen Blog Beitrag erfährt und die Seite somit schnell in den Google-Index aufnimmt.
- Verlinken Sie für eine schnellere Indexierung in sozialen Medien und von Ihrer Website auf den Beitrag.

Checkliste: Maßnahmen bei negativen Ereignissen

☑ **Wo gearbeitet wird, passieren Fehler – stehen Sie dazu.**

- Jede Rückmeldung ist eine Chance zur Verbesserung, nutzen Sie sie.
- Versuchen Sie nicht, offensichtliche Fehler Ihrerseits zu vertuschen oder wegzureden.
- Nehmen Sie, wenn möglich, sachlich Stellung und entschuldigen Sie sich.
- Versuchen Sie Debatten, Drohungen und Beschimpfungen zu vermeiden.
- Denken Sie immer daran, dass auch Ihre Reaktion öffentlich ist.

☑ **Nehmen Sie mit dem Verfasser Kontakt auf.**

- Versuchen Sie, das Problem aus der Welt zu schaffen und einen positiven Eindruck zu hinterlassen.
- Ist das geglückt, bitten Sie den Verfasser, die Bewertung oder den Beitrag zu entfernen oder zu relativieren.

☑ **Identifizieren Sie falsche Bewertungen und Beiträge.**

- Nehmen Sie jede negative Bewertung und Rückmeldung ernst und gehen Sie dem Vorfall nach.
- Leider kommt es vor, dass falsche Bewertungen und Beiträge (zum Beispiel von Mitbewerbern) gestreut werden.
- Wenden Sie sich an den Seitenbetreiber mit der Bitte, die Vorfälle zu überprüfen.

☑ **Verwenden Sie Google AdWords.**

- Wenn plötzlich negative Ereignisse im Zusammenhang mit Ihrem Unternehmen/Marke ganz vorne in den Suchergebnissen zu finden sind, können Sie AdWords Anzeigen schalten.
- Weiter darunter gelistete Suchergebnisse werden dadurch eventuell übersehen.

☑ **Lassen Sie Informationen aus Google entfernen.**

- Wenn Website-Betreiber Inhalte auf Ihre Anfrage hin entfernt haben, kann es sein, dass diese dennoch in den Google-Suchergebnissen zu sehen sind.
- Es kann unter Umständen einige Zeit dauern, bis Google Websites oder Inhalte, die nicht mehr existieren aus dem Index löscht.
- Um den Vorgang zu beschleunigen, bietet Google zur Löschung dieser Einträge ein kurzes Formular an: www.emagnetix.at/eh19

☑ **„Recht auf Vergessen"**

- Seit dem Gerichtsurteil des EuGH im Mai 2014 hat jede Privatperson das „Recht auf Vergessen". Dieses Recht ermöglicht es einem, Suchergebnisse zu Inhalten, die die eigenen Persönlichkeitsrechte verletzen, löschen zu lassen.
- Gibt es also Dinge aus Ihrer Vergangenheit, die nicht mehr über Suchmaschinen wie Google auffindbar sein sollen, können Sie die Löschung der Suchergebnisse beantragen.
- Ob die beanstandeten Links tatsächlich gelöscht werden, wird von Fall zu Fall entschieden und ist nicht selbstverständlich.
- Füllen Sie dazu das Antragsformular von Google aus: www.emagnetix.at/eh20

Erfolgskontrolle

Ziel ist es, dass mindestens die erste Seite der Google-Suchergebnisse (10 Ergebnisse) **im Sinne Ihres Unternehmens/Marke positive Ergebnisse liefert**, wenn nach relevanten Keywords gesucht wird.

- Überprüfen Sie selbst regelmäßig, ob das der Fall ist und arbeiten Sie laufend an Ihrer positiven Online Reputation.
- Es ist empfehlenswert, sich einen Termin im Kalender zu setzen, der einen an die regelmäßige Überprüfung erinnert.
- Zu einer guten Online Reputation gehört auch die tadellose Funktionalität der eigenen Website. In diesem Zuge sollten Sie beispielsweise überprüfen, ob alle Formulare korrekt funktionieren, alle Informationen noch korrekt und aktuell sind bzw. ausgehende Links noch funktionieren.

Experten-Tipps

Bedenken Sie den Streisand Effekt: Wenn durch die Unterdrückung oder Verhinderung eines öffentlichen Ereignisses zusätzliche Aufmerk-samkeit darauf gelenkt wird, spricht man vom Streisand Effekt. Gerade in der Online Welt tritt dieser Effekt auf, wenn beispielsweise negative Bewertungen unkommentiert gelöscht werden. Dadurch kann es zum Beispiel passieren, dass sehr viele Menschen nach dem Ereignis suchen, wodurch es zur Aufnahme in Google Suggest kommt und das Ereignis einer noch breiteren Masse zugänglich wird.
Bekannte **Beispiele** dafür sind: die Rotlicht-Gerüchte rund um Bettina Wulff, die noch heute in Google Suggest Platz finden sowie die Fotos von Barbara Streisands Villa in Malibu, die dem Effekt den Namen gaben.

Hashtag Hijacking: In beinahe allen sozialen Medien kommen mittlerweile Hashtags (#hashtag) zum Einsatz. Werden diese Hashtags zweckentfremdet, spricht man vom Hashtag Hijack (Hashtag Entführung). Die missbräuchliche Verwendung von gezielt eingesetzten Hashtags kann für die Initiatoren äußerst unangenehme Folgen haben.
Bestes **Beispiel** dafür ist der #myNYPD Hashtag, unter dem sympathische Fotos von New Yorker Polizisten gesammelt werden sollten. Innerhalb kürzester Zeit war der Hashtag in den Twitter Trends mit zahlreichen Prügelfotos von Polizisten zu finden.

SONDERKAPITEL

für jene, die noch immer nicht genug haben!

Google Konto

Ein Google Konto wird benötigt, um Produkte, die der Anbieter Google kostenlos zur Verfügung stellt, nutzen zu können. Ein Google Konto wird über das zentrale Anmeldesystem von Google erstellt.
Für viele Dienste, die in diesem Buch beschrieben sind, ist die Einrichtung eines Google Kontos notwendig. Durch die Erstellung eines Google Kontos wird die Nutzung folgender Produkte möglich:

- Gmail
- Google+
- Google Webmaster Tools
- Google Analytics
- Google AdWords
- Picasa
- YouTube
- Google Drive
- Google Play
- Google Kalender
- uvm.

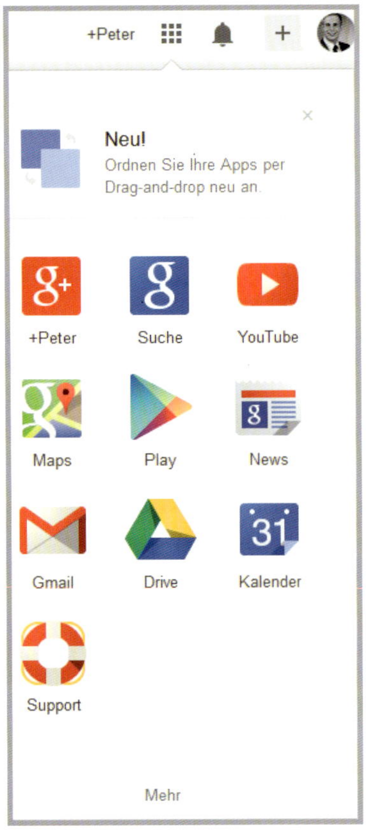

Quelle: Google

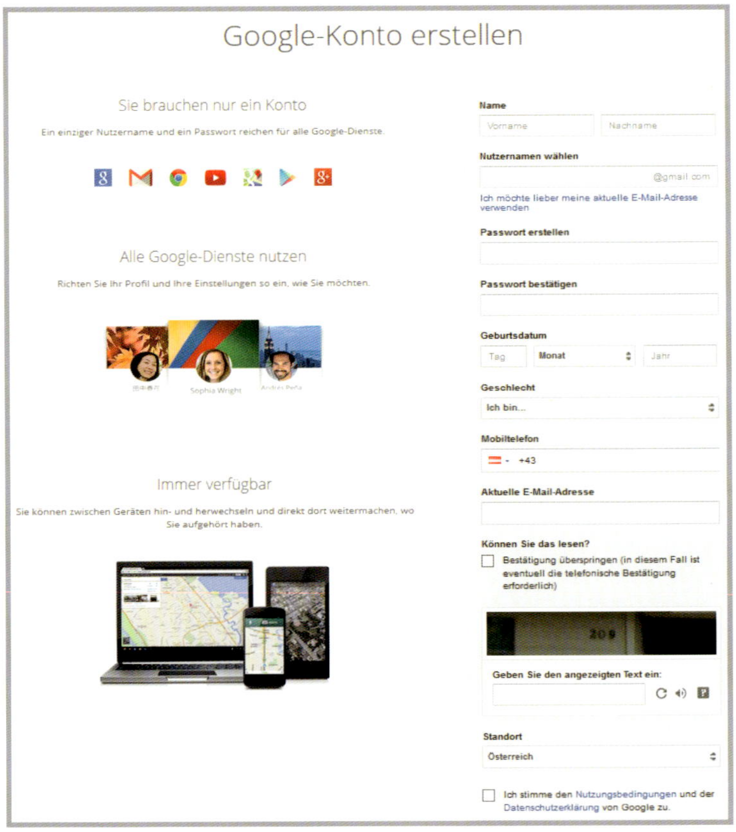

Quelle: Google

Google Konto erstellen

- Navigieren Sie auf accounts.google.com/signup
- Geben Sie Ihre Daten gemäß der Eingabemaske ein. Es besteht die Möglichkeit, für das Konto eine bestehende E-Mail-Adresse anstatt einer Gmail-Adresse zu verwenden.
- Fügen Sie optional ein Nutzerfoto hinzu.
- Bestätigen Sie abschließend die Kontoerstellung.
- Jetzt kann das Profil für Google+, dem sozialen Netzwerk von Google, angepasst werden.
- Mit diesem Konto haben Sie nun Zugriff auf die Google Produkte.

Google Konto löschen

- Melden Sie sich mit Ihrem Google Konto an, das Sie löschen möchten.
- Navigieren Sie auf plus.google.com/u/1/downgrade
- Wählen Sie die gewünschten zu löschenden Daten und Einstellungen aus.
- Klicken Sie auf „Ausgewählte Dienste entfernen“.

Facebook-Gewinnspiel

Was ist zu beachten bei Gewinnspielen via Facebook?

1. Zu Beginn legen Sie das Ziel und die Zielgruppe für das Gewinnspiel fest und definieren Sie, ob das Gewinnspiel in einer eigenen Anwendung (App) oder auf der Chronik der Facebook-Seite stattfinden soll (siehe „Unterschied zwischen App oder Chronik" auf Seite 122).

Über ein Gewinnspiel können Sie viele Ziele verfolgen:

- Die Belohnung der aktuellen Fan-Base
- Branding/Markenstärkung
- Generierung von neuen Fans
- Lead-Generierung (z.B. Adressen für den eigenen Newsletter sammeln)
- ...

2. Achten Sie bei der Verwendung von Gewinnspielen immer auf die Gewinnspiel-Richtlinien von Facebook. Diese können sich laufend ändern und sind am besten online nachzulesen: www.emagnetix.at/eh28 (unter Punkt III. Seitenfunktionen „E.Promotions").

3. Facebook verlangt bei den Gewinnspielen ausdrücklich, dass der Nutzer darüber informiert wird, dass Facebook nicht in Zusammenhang mit dem Gewinnspiel steht und somit auch nicht als Ansprechpartner dafür gesehen werden darf.

4. Teilnahme-Bedingungen sind ein Muss.

Folgende Punkte müssen in den Teilnahmebedingungen enthalten sein:

- Wer teilnehmen darf (falls Sie Einschränkungen vornehmen)
- Beginn und Ende des Gewinnspiels
- genaue Beschreibung, was zu gewinnen ist (inkl. etwaiger Zusatzkosten)
- Angaben, wann die Preise ausgelost werden (falls nicht direkt nach dem Ende)
- Regeln, nach denen die Gewinner bestimmt werden (Zufall, Jury)
- Regeln, wie die Gewinne zu den Gewinnern gelangen (falls sie abgeholt werden müssen o. Ä.)
- Datenschutzhinweise

Wenn alle diese Punkte in ein Posting mit aufgenommen werden müssen, wird der Text sehr lang. Verwenden Sie eine eigene Landingpage auf Ihrer Website, einen eigenen Reiter auf Facebook oder ein eigenes Posting in der Chronik und setzen Sie lediglich einen Link im Gewinnspiel-Posting.

5. Geben Sie klar und deutlich an, was der Nutzer tun muss, um am Gewinnspiel teilzunehmen.
Erklären Sie kurz und prägnant, wie das Gewinnspiel funktioniert und verfassen Sie keine unnötig komplizierten Erklärungen.

6. Das Gewinnspiel sollte der Corporate Identity des Unternehmens entsprechen und durch Bildmaterial attraktiv gestaltet werden.

7. Definieren Sie die Laufzeit des Gewinnspiels.

Eine zu lange Laufzeit könnte die Teilnehmer frustrieren oder verärgern, eine zu kurze Laufzeit könnte zu wenige Nutzer zur Teilnahme aktivieren. Definieren Sie zuerst die Ziele des Gewinnspiels und richten Sie die Laufzeit danach aus.

8. Gestalten Sie die Verlosung authentisch und kommunizieren Sie, wie die Verlosung stattgefunden hat (Video der Verlosung, Kinder als „Glücksengerl", Fotos, während die Gewinner gezogen werden, ...).
Sie können auch ein externes Tool verwenden. Verwenden Sie beispielsweise einen Zufallsgenerator für die Ziehung von Gewinnern von Like-Gewinnspielen (www.fanpagekarma.com/facebook-promotion).

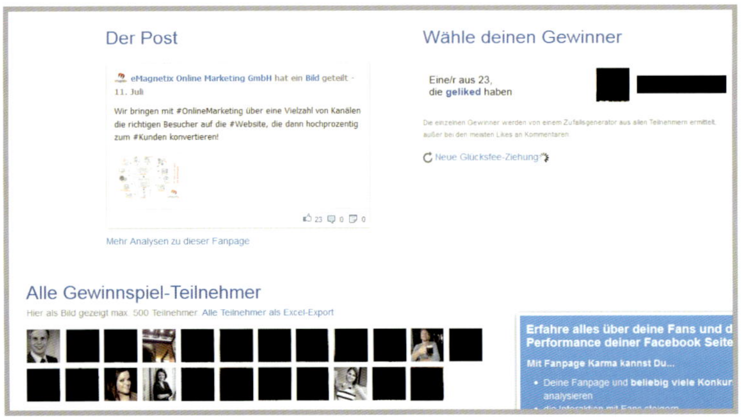

Quelle: Facebook

9. Verlosen Sie einen Preis, der mit der Marke bzw. dem Unternehmen im Zusammenhang steht. Verlosen Sie keine „Standard-Preise“ (iPad, ...). Differenzieren Sie sich durch kreative Preise, die einen Bezug zum Unternehmen haben, vom Mitbewerb und anderen Gewinnspielen. So kann auch eine Bindung zu den Fans entstehen.

10. Benachrichtigen Sie die Gewinner umgehend.

- Als Seitenadministrator darf man keine persönlichen Nachrichten an Nutzer senden. Der Nutzer muss sich also entweder beim Gewinnspielbetreiber melden oder über E-Mail benachrichtigt werden.
- In den Teilnahmebedingungen kann hinzugefügt werden, dass sich Nutzer innerhalb einer bestimmten Frist melden müssen. Tun sie das nicht, verlieren sie den Anspruch auf den Gewinn.
- Wenn die Namen der Gewinner veröffentlicht werden sollen, dann müssen diese extra zustimmen. Diese Zustimmung können Sie auch über die Teilnahmebedingungen einholen.
- Die Namen dürfen in jedem Fall veröffentlicht werden, wenn sie anonymisiert werden. Beispiel: Max M. aus B.

11. Schließen Sie Haftungsansprüche aus.

Wenn User Fotos oder Kommentare posten, besteht die Gefahr, dass diese rechtswidrig sind (Beleidigungen, falsche Tatsachen, Markenverstöße, Urheberrechtsverstöße, ...). Schreiben Sie eine Freistellungsklausel in die Teilnahmebedingungen, um auszuschließen, dass Sie als Gewinnspielbetreiber für die Verstöße der Nutzer geradestehen müssen.

12. Schauen Sie, was andere machen und holen Sie sich dort Anregungen.

Facebook Gewinnspiel über eigene Applikation oder via Facebook-Seite?

Facebook App (Gewinnspiel App/Applikation)

Eine Gewinnspiel-Applikation ist eine Anwendung, die es ermöglicht, den Umfang der Facebook-Standardfunktionen zu erweitern. Diese muss eigens programmiert werden.
Beispiele: Gewinnspiele, Spiele, Erweiterungen für Facebook-Seiten wie Kontakt- und Anfrageformulare

Vorteile:

+ Geeignet, wenn Leads generiert werden sollen (E-Mail Adressen für Newsletter, Fan Basis erhöhen, ...).
+ Völlig freie Gestaltungsoptionen (Branding).
+ Durch das Ausfüllen eines Formulars können Kontaktdaten der User gewonnen werden. Diese werden auch für die Benachrichtigung der Gewinner benötigt (Daten- bzw. Leadgenerierung).
+ Teilen-Funktion ist erlaubt.
+ Promotion über Facebook-Ads möglich.

Nachteile:

- Fans müssen eine eigene Anwendung zur Teilnahme öffnen.
- Teilnahme über mobile Endgeräte ist nicht möglich.
- Programmierung einer eigenen App notwendig. Das verursacht Kosten und braucht Zeit.

Facebook-Seite

Vorteile:

+ Geeignet zur Interaktion mit den bestehenden Fans.
+ Fans können direkt aus dem Newsfeed teilnehmen und müssen keine eigene Anwendung öffnen.
+ Die Teilnahme ist auch über mobile Geräte möglich.
+ Keine Barriere für den Nutzer. Die Teilnahme erfolgt durch Posting, Like, Kommentar oder Nachricht.
+ Kostenlos und schnell umsetzbar.
+ Promotion ist über Facebook-Ads möglich.

Nachteile:

- Beschränkte Gestaltungsoptionen. Nur Facebook-Funktionen nutzbar: Foto, Video, Text, ...
- Keine Kontaktdaten bzw. Leadgenerierung.
- Teilen-Funktion ist nicht erlaubt.

Beispiele für die Erstellung direkt auf der Seite (Chronik)

Überlegen Sie sich, was wie verlost werden soll und erstellen Sie einen Beitrag, in dem die Regeln (Laufzeit, Teilnahmebedingungen, ...) für das Gewinnspiel erklärt werden. Veröffentlichen Sie diesen Beitrag und starten Sie damit das Gewinnspiel.

- Bewerben Sie das Gewinnspiel bereits im Vorhinein mit Beiträgen.
- Fixieren Sie den Beitrag während der gesamten Laufzeit des Gewinnspiels oben (siehe Seite 94).
- Gewinnspiele können auch in Kooperation mit anderen Unternehmen und Dienstleistern erstellt werden.

Quelle: www.facebook.com/kronehit

Gewinnspiel-Ideen

- Der lustigste Kommentar gewinnt.
- Bester Vorschlag für neuen Namen für ein Produkt gewinnt.
- Unter allen Likes/Kommentare/Nachrichten/Beiträge wird etwas verlost.
- Die ersten X Likes/Kommentare/Nachrichten/Beiträge gewinnen.
- Der X./letzte Kommentar/Like/Beitrag/Nachricht gewinnt.
- Der Kommentar/Beitrag/Bild mit den meisten Likes gewinnt.

Beispiele für die Erstellung mit einer App

Legen Sie sich ein Konzept für das Gewinnspiel zurecht (was soll wie verlost werden) und erstellen Sie eine App, in der alle wichtigen Details erklärt sind. Wenn Sie so eine App nicht selbst erstellen können, beauftragen Sie eine Agentur. Veröffentlichen Sie diese App zum Starten des Gewinnspiels.

- Bewerben Sie das Gewinnspiel bereits im Vorhinein mit Beiträgen.
- Bewerben Sie die App.

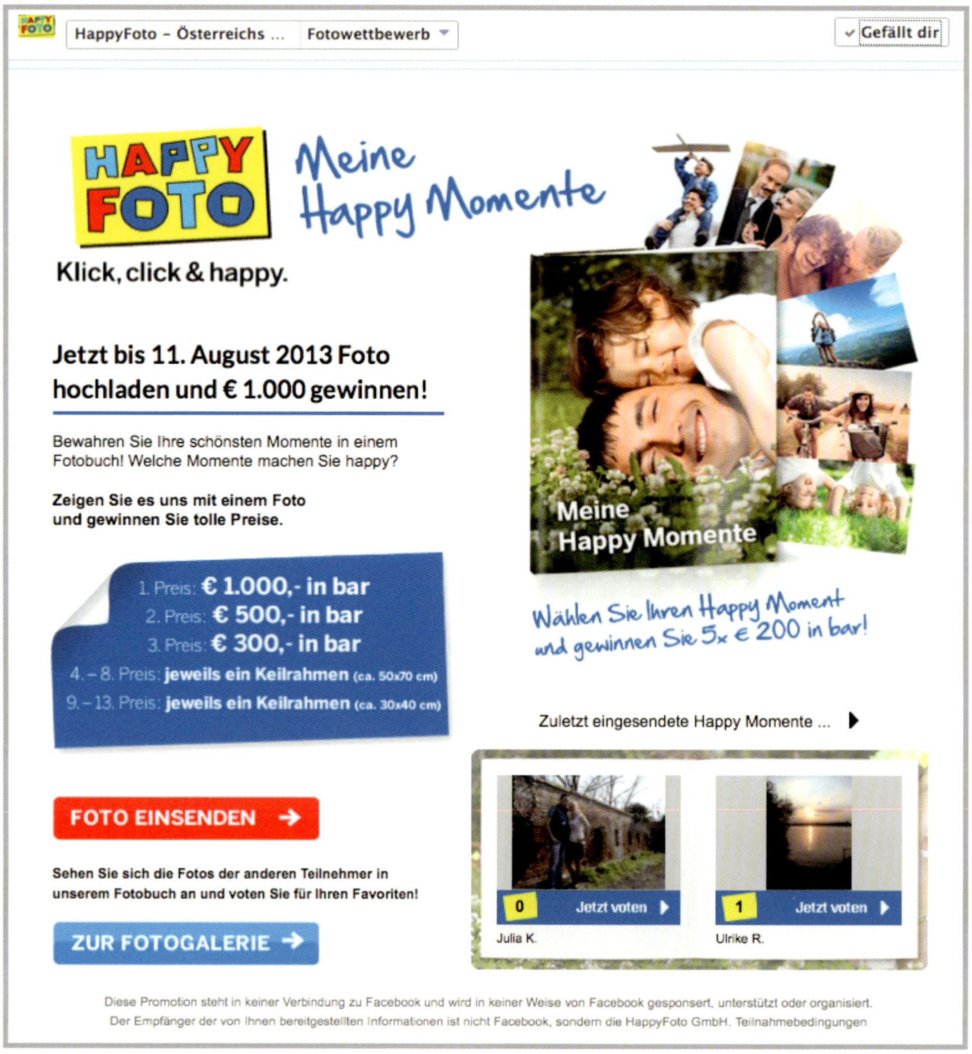

Quelle: www.facebook.com/happyfoto.at

Gewinnspiel-Ideen:

- Unter allen Teilnehmern wird etwas verlost.
- Teilnehmer müssen Gewinnspielfrage beantworten, um zu gewinnen.
- Teilnehmer müssen ein Spiel erfolgreich spielen, um teilzunehmen.
- Teilnehmer müssen zur Teilnahme die E-Mail Adresse eingeben.

Bewerbung von Facebook-Gewinnspielen

- Informieren Sie die Fans schon im Vorfeld über das Gewinnspiel, das bald online sein wird. Bauen Sie Spannung auf.
- Beziehen Sie Ihre Fans mit ein. Erinnern Sie regelmäßig an das Gewinnspiel und fordern Sie direkt zum Mitmachen oder zum Teilen auf.
- Fixieren Sie die Gewinnspiel-Beiträge oben (siehe Seite 94).
- Ersuchen Sie um persönliche Postings der Mitarbeiter, Freunde, Bekannte und Familie.
- Posten Sie das Gewinnspiel auf anderen, themenrelevanten Facebook-Seiten.
- Integrieren Sie das Gewinnspiel in Ihrer E-Mail Signatur.
- Bewerben Sie das Gewinnspiel auch offline (Flyer, QR-Codes, Angebote, Rechnungen, ...).

- Schalten Sie Banner auf Partner-Seiten, im Google Display-Netzwerk oder über diverse Banner-Vermarkter.
- Schalten Sie eine Remarketing Kampagne und bewerben Sie dort das Gewinnspiel („Google AdWords" auf Seite 55).
- Promoten Sie das Gewinnspiel mit Facebook-Werbung. Erstellen Sie eine Facebook-Werbung mit Text und Bild und geben Sie als Ziel-URL das Gewinnspiel (App oder Beitrag) ein. Achten Sie auf die Richtlinien zur Facebook Werbung (www.emagnetix.at/eh29). Erstellung der Facebook-Werbung siehe Seite 95.
- Senden Sie einen eigenen Gewinnspiel-Newsletter oder verfassen Sie einen Beitrag im aktuellen Newsletter.
- Verfassen Sie einen Blog-Beitrag.
- Bewerben Sie das Gewinnspiel auch über andere Marketing-Kanäle (Website, eigene Landingpage, XING, ...)..

Auswahl einer Online Marketing Agentur

10 Kriterien, die Sie beachten sollten

Die Auswahl einer guten und seriösen Online Marketing Agentur ist nicht einfach und stellt viele Unternehmen vor eine Herausforderung. Wir bieten Ihnen einen Kriterienkatalog, der Ihnen bei der Auswahl hilft und Sie vor schlechten Erfahrungen schützt.

Folgenden 10 Kriterien sollten Sie bei der Wahl Ihrer zukünftigen Online Marketing Agentur Aufmerksamkeit schenken:

1. Spezialisten für Online Marketing
2. Top Referenzen
3. Langjährige Erfahrung
4. Zertifizierungen
5. Auszeichnungen
6. Transparenz
7. Besuch von (inter)nationalen Messen
8. Am Puls der Zeit
9. Klar definierte Ziele
10. Achten Sie auf Signalphrasen

1. Spezialisten für Online Marketing

Wenn Sie eine Agentur suchen, die Sie im Online Marketing unterstützt, suchen Sie nach einem Spezialisten. Es gibt sehr viele Werbeagenturen, die Online Marketing Aktivitäten neben den vielen klassischen Marketingformen anbieten. Solche Full Service Agenturen sind oftmals keine Spezialisten für die angebotenen Online Marketing Aktivitäten, wodurch die Performance leiden kann.

2. Zertifizierungen

Für Online Marketing Agenturen gibt es eine Reihe von Zertifizierungen. In erster Linie sind das Google Adwords Partner Zertifikat und das besonders seltene Google Beta Tester Programm zu nennen. Zugriff zu diesem Programm und dadurch zu den neuesten Google-Funktionen erhalten nur ausgewählte Agenturen.

3. Top Referenzen

Es ist heute üblich, Referenzen auf der Unternehmenswebsite zu präsentieren. Ist das nicht der Fall, sollten Sie vorsichtig sein. Vorteilhaft sind Referenzen aus Ihrer Branche, denn dann kennt die Agentur diese bereits und weiß, worauf in der Branche zu achten ist.

Es ist außerdem ratsam, einige Referenzen stichprobenartig zu überprüfen, indem Sie den einen oder anderen Marketingleiter oder Geschäftsführer kontaktieren. Weiters können Sie überprüfen, ob gute AdWords Anzeigen zu den entsprechenden Keywords geschaltet werden. Wenn Sie Zugriff auf SEO-Tools haben, können Sie auch überprüfen, ob Referenzwebsites von Abmahnungen (zum Beispiel nach einem Algorithmus Update von Google) betroffen waren. Bedenken Sie dabei allerdings, dass die Agentur nicht für alle Online Marketing Aktivitäten des Kunden zuständig und verantwortlich sein muss.

4. Besuch von (inter)nationalen Messen

Viele Trends im Online Marketing entstehen in den USA und gelangen erst mit Verzögerung nach Österreich. Der Besuch von (inter)nationalen Messen stellt sicher, dass die Agentur stets über aktuelle Trends Bescheid weiß. So überholen Sie Ihre Mitbewerber mit Online Marketing.

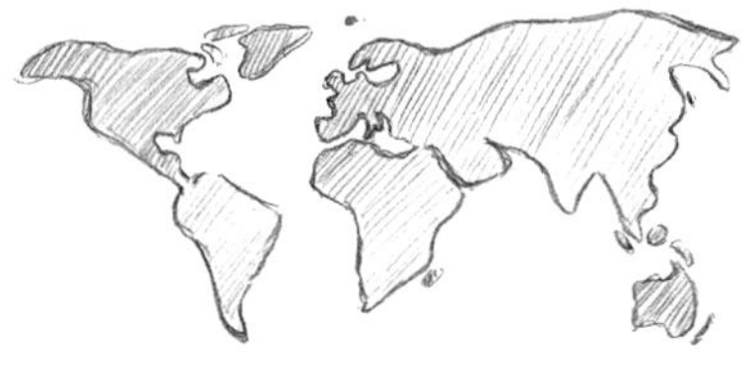

5. Langjährige Erfahrung

Online Marketing ist im Vergleich zum klassischen Marketing eine recht junge Disziplin. Dennoch ist es wichtig, einen Partner mit mehrjähriger Erfahrung zu haben. Dies gewährleistet, dass die Agentur aus Erfahrungswerten weiß, welche Maßnahmen für Sie gewinnbringend umgesetzt werden können. Außerdem verfügt die Agentur so über das nötige Know-how, um Ihre Online Marketing Kampagne mit größtmöglicher Effizienz umsetzen zu können.

6. Auszeichnungen

Achten Sie auf Auszeichnungen die Ihre potentielle Online Marketing Agentur erhalten hat. Sie bürgen für gute Qualität und stellen sicher, dass sich die Agentur nicht nur toll präsentiert, sondern auch ausgezeichnete Arbeit leistet. Auszeichnungen sind auch Bewertungen von unabhängigen Dritten.

7. Transparenz

Transparenz schafft Vertrauen und Vertrauen ist die Grundlage jeder guten Zusammenarbeit. Stellen Sie sicher, dass Sie von der Online Marketing Agentur transparente Rückmeldungen über den erzielten Erfolg erhalten. Regelmäßige Reportings und Abstimmungen sollten für seriöse Agenturen selbstverständlich sein. Transparenz heißt aber auch, dass die Agentur bereit ist, Wissen in Form von Seminaren, Workshops und Schulungen an ihre Kunden weiterzugeben.

8. Am Puls der Zeit

Überprüfen Sie, ob die Agentur am Puls der Zeit ist. Das lässt sich nicht nur, wie in Punkt 4 erwähnt, durch den Besuch von Messen, sondern auch durch Forschungsaktivitäten, zum Beispiel in Zusammenarbeit mit Universitäten oder Fachhochschulen belegen. Auch durch die Zulassung zum Google Beta Tester Programm lässt sich Aktualität sicherstellen. In der schnelllebigen Online Marketing Welt bedeuten verschlafene Trends eine verschlafene Chance.

9. Klar definierte Ziele

Sind Sie durch die Überprüfung der bisher erwähnten 8 Punkte in Kontakt mit einer Online Marketing Agentur gekommen, achten Sie darauf, dass die Agentur Ziele mit Ihnen definiert. Nicht nur für Sie, sondern auch für die Agentur sind klar definierte Ziele unumgänglich, damit diese auch effizient und gewinnbringend erreicht werden können.

10. Achten Sie auf Signalphrasen

Seien Sie sowohl beim persönlichen Erstkontakt als auch bei der Recherche nach einer geeigneten Online Marketing Agentur hellhörig. Achten Sie auf Signalphrasen und haltlose Versprechen. Besonders bei Garantien wie „Wir bringen Sie garantiert auf Platz 1 in den Suchergebnissen" oder „Wir garantieren x neue Besucher in einem Jahr" sollten Sie skeptisch werden.

Wenn Sie die 10 erläuterten Kriterien bei der Suche nach Ihrer zukünftigen Online Marketing Agentur beachten, minimieren Sie das Risiko einer Enttäuschung. Wir wünschen Ihnen viel Glück bei der Auswahl und viel Erfolg durch Ihre Online Marketing Maßnahmen.

Tools

Allgemein

www.google.com/analytics - (eigenes Kapitel S. 29) wichtig für alle Analysen & Kennzahlen im Web
Keywordrecherche (S. 22)
www.google.at - (Suggest: Vorschläge die bei Eingabe eines Begriffes erscheinen, Verwandte Suchanfragen: unten im Dokument)
www.google.at/trends
adwords.google.at
adwords.google.at/KeywordPlanner
www.cleverstat.com/de/google-monitor-query.htm

OnPage Optimierung (S. 34)

www.seitwert.de & www.qualidator.com - Informationen zur Verbesserung einer Website
www.seomofo.com/snippet-optimizer.html - Überprüfung der Länge von Title & Description)
www.google.com/webmasters/tools - technische Unterstützung bei der OnPage Optimierung
copyscape.com - Prüfung einer Website auf Duplicate Content

Kostenpflichtige Tools mit großem Funktionsumfang hinsichtlich Suchmaschinenoptimierung

www.xovi.de
www.sistrix.com
www.advancedwebranking.com
www.opensiteexplorer.org - Überblick über SEO Kennzahlen, Konkurrenzvergleich
suite.searchmetrics.com/de/research - Sichtbarkeitsverlauf, SEO Kennzahlen, Top 5 Rankings
www.diagnoseo.de - zeigt Optimierungspotenzial
www.keyword-position.de & www.url-monitor.com - nur zum Abfragen von Rankings
www.seolytics.de (1 Domain kostenlos) - Rankings, Sichtbarkeit, Potenzialanalyse, Backlinkanalyse
www.seorch.de - umfangreiche OnPage Analyse, Problemanalyse, Rankings, Snippet Analyse
tutor.rs - OnPage Analyse, Usability Analyse, SEO Kennzahlen
saney.com/tools/symbols.html - Sammlung von Sonderzeichen
testuri.org - Ermittlung des http-Statuscodes einer Website (301-Weiterleitung, 404, ...)

OffPage Optimierung (S. 41)

Kostenlose Tools für den Backlink-Check

www.seo-united.de/backlink-checker
www.backlinktest.com
www.linkdiagnosis.com
www.seolytics.de/home/starter-kostenlos
www.opensiteexplorer.org

Kostenpflichtige Tools für den Backlink-Check

www.linkresearchtools.de
www.xovi.de
www.advancedwebranking.com
www.sistrix.de
suite.searchmetrics.com/de/research

Google AdWords (S. 55)

midgets.dsquare.de/keyword_combination.php - Tool zum einfachen Kombinieren von Keywordlisten
www.google.com/intl/de/adwordseditor - kostenlose Offline-Anwendung von Google zum Verwalten umfangreicher AdWords-Konten

Webredaktion (S. 74)

Tools zur Textanalyse

wortliga.de/textanalyse
www.it-agile.de/stil/eingabe.html
www.schreiblabor.com/textlabor/statistic
www.lingulab.de

Facebook (S. 85)

www.hootsuit.com - kostenpflichtiges Tool für die Verwaltung von bis zu 5 sozialen Profilen
bitly.com - Tool zum Verkürzen von langen URLs
www.1-2-social.de/fanpage-check - Tool zum Check der Fanpage

Facebook Gewinnspiel (Sonderkapitel S. 121)

www.fanpagekarma.com/facebook-promotion - Zufallsgenerator für die Ziehung von Gewinnern von Like-Gewinnspielen

www.emagnetix.at/eh23

Tipps der Autoren

Magazine:

Website Boosting
erscheint alle zwei Monate

Suchradar
(gratis als PDF)
erscheint alle zwei Monate

T3N
erscheint alle zwei Monate

Internet World Business
erscheint alle zwei Monate

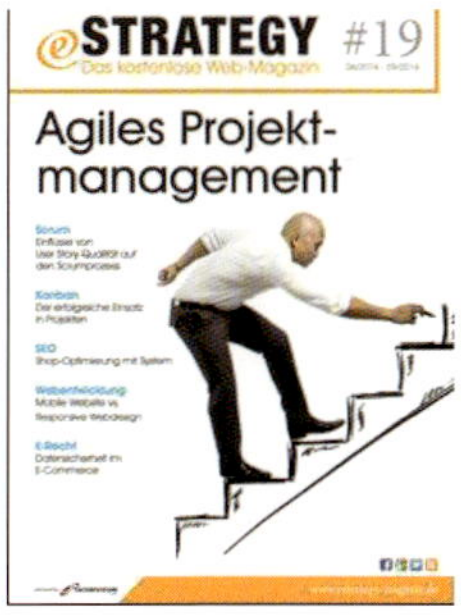

eStrategy
(gratis als PDF)
erscheint alle drei Monate

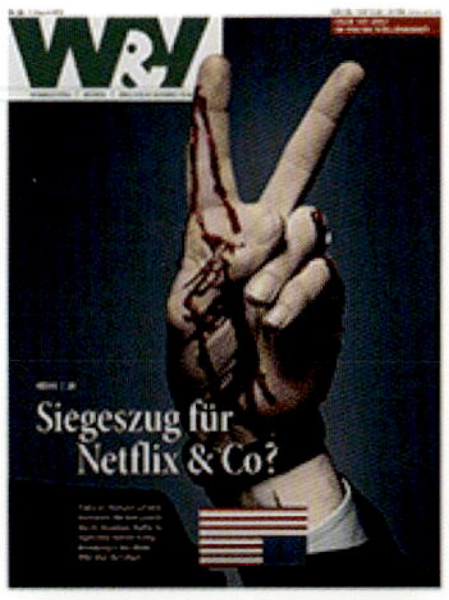

W&V – Werbung & Verkauf
erscheint monatlich

LEAD digital
(Magazin des W&V Verlages)
erscheint alle zwei Monate

Bücher

Erfolgreiche Websites
SEO, SEM, Online-Marketing, Usability
Düweke, Rabsch

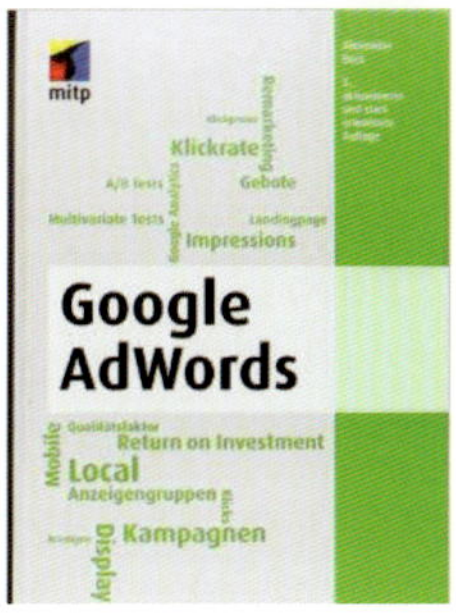

Google Adwords
Beck

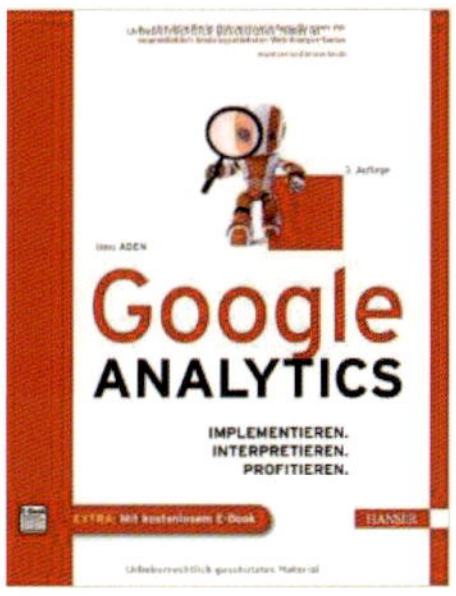

Google Analytics
implementieren, interpretieren, profitieren
Aden

Landing Pages
optimieren, testen, Conversions generieren
Ash, Page, Ginty

Don't make me think!
Web Usability
Krug

Follow me!
Grabs, Bannour

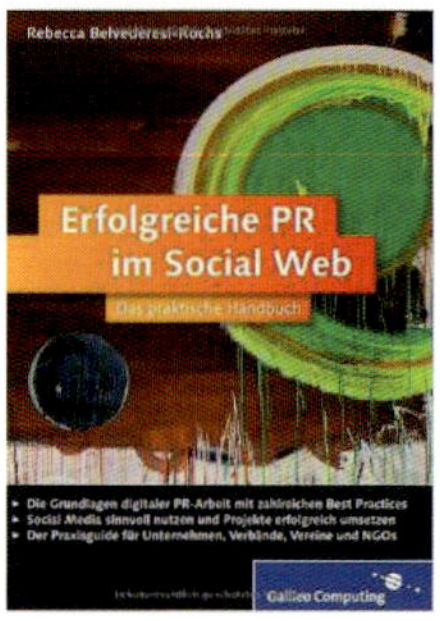

Erfolgreiche PR im Social Web
Belvederesi-Kochs

Das Facebook-Buch
Schwindt

Web Analytics
Hassler

Think Content!
Löffler

Suchmaschinen-Optimierung
Das umfassende Handbuch *Erlhofer*

Texten fürs Web
planen, schreiben, multimedial erzählen
Heijnk

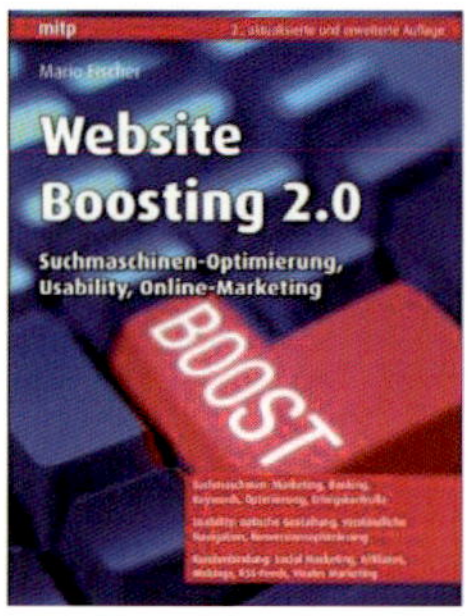

Website Boosting 2.0
Fischer

Websites & Blogs:

seo.at - SEO-News der SISTRIX GmbH

seo-united.de - aktuelle SEO-News, Tools, Tutorials, Seminare, uvm.

seo-book.de - Eric Kubitz's Online-Notizbuch zum Thema Suchmaschinenopatimierung, Content-Marketing, uvm.

allfacebook.de - beliebtester deutschsprachiger Blog zum Thema Facebook & Social Media

googlewebmastercentral-de.blogspot.co.at - offizielle Infos zu Crawling & Indexierung von Google mattcutts.com/blog - Blog des obersten Google-Spambekämpfers

moz.com/blog - Blog des Tool-Anbieters MOZ

bjoerntantau.com - Blog von Björn Tantau (Social Media, SEO, Linkaufbau)

youtube-global.blogspot.co.at - offizieller YouTube Blog

karlkratz.de - Blog von Karl Kratz, dem „Online Marketing Maniker"

t3n.de - die Website zum Magazin

konversionskraft.de - Website zum Thema Conversion Optimierung

internetkapitaene.de - Blog zum Thema SEO & SEM von Bloofusion

sistrix.de/news - aktuelle News von SISTRIX (SEO Tool SISTRIX Toolbox)

adwords-de.blogspot.co.at - offizieller Blog zu Google AdWords

googlewatchblog.de - tagesaktuelle News zu Google, YouTube, Android, Apps & Co.

searchengineland.com - englischsprachige Seite rund um Online Marketing & Suchmaschinen

searchenginejournal.com - englischsprachige Online Marketing News, Interviews und How-To-Anleitungen

nngroup.com/articles - aktuelle Artikel von Usability-Guru Jacob Nielsen, Don Norman & Co.

benutzerfreun.de - Informationen zu Website-Konzeption & Usability

usabilityblog.de - alles zum Thema Usability (Methoden, Verfahren, Studien, Trends)

conversiondoktor.de - Informationen zur Conversion- & Landing Page Optimierung

internetworld.de - Website zum Magazin

onlinemarketing.de - Online Marketing in all seinen Facetten (Wissen, Anbieter, Jobs, Lexikon, ...)

seroundtable.com - Informationen aus der Suchmaschinenmarketing-Community (englischssprachig)

searchenginewatch.com - englischsprachige Seite zum Thema Suchmaschinen (SEO, SEA, Social Media, Analytics, Mobile, ...)

seo-handbuch.de – der Blog zur Suchmaschinenoptimierung

seonauten.com - SEO-Blog der auch einen Blick über den Tellerrand wirft

kaushik.net/avinash - Blog von Avinash Kaushik (Digital Marketing Evangelist – Google)

thinkwithgoogle.com - gemeinsam mit Google denken (kreative Ideen, Perspektiven, Branchen, Marketingziele, uvm.) (englischsprachig)

seobook.com - News, Trainings, Tools, Videos rund um SEO (englischsprachig)

suchradar.de - Magazin für SEO und SEM

seo-trainee.de - Fachartikel, News, Interviews, Events & Glossar zum Thema SEO

thomashutter.com - Blog von Thomas Hutter rund um Social Media und Facebook Marketing

content-marketing.com - News zum Thema Content Marketing (Content Marketing Institut)

contentmanager.de - das Content Management Portal, liefert auch News zu SEO, Social Media, Redaktion, Usability, uvm.

www.emagnetix.at/eh25

Peter Ecker
Leitung
Suchmaschinenoptmierung
Astrid Thürriedl
Leitung Webredaktion
Andreas Haider
Leitung Bezahlte Anzeigen
Anke Eidenberger
Leitung Social Media

Klaus Hochreiter
Thomas Fleischanderl
Geschäftsführung

Stefan Mitmansgruber
Assistenz & Marketing

Melanie Feilmayr
Leitung Webanalyse

Jasmin Nimmervoll
Leitung Grafik & Design

Erste Hilfe fürs Online Marketing App

Diese App ist der perfekte Begleiter zu unserem Buch. Sie bietet Ihnen nützliche Tipps fürs Online Marketing, die Sie unterwegs bequem lesen können. Mit dem darin enthaltene Glossar können Sie keine Fachbegriffe mehr aus der Ruhe bringen. Souveränität im Online Marketing jetzt für die Hosentasche!

www.erstehilfebox.at/app

Ihnen gefällt was Sie bisher gelesen haben?

SEO, SEA, Webredaktion, Landingpages & Co. sind für Sie keine Fremdwörter mehr?
Sie konnten erfolgreich Erste Hilfe für Ihr Online Marketing leisten?

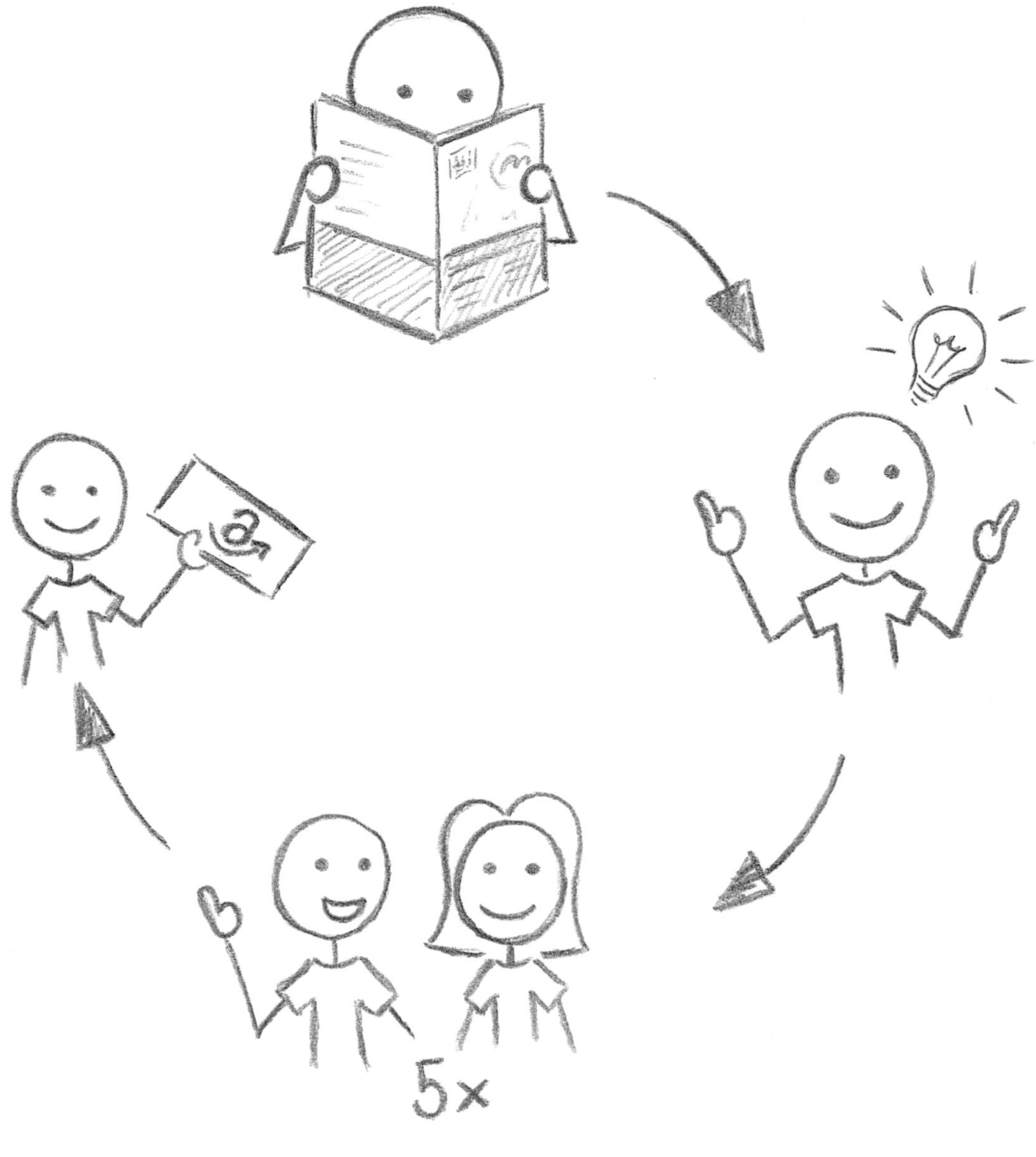

Dann empfehlen Sie unser Buch „Erste Hilfe fürs Online Marketing" weiter und Sie erhalten einen € 25 Amazon-Gutschein!

Voraussetzung ist, dass Sie das Buch bzw. die Erste Hilfe Box 5 weiteren Personen empfehlen. Sobald 5 Personen das Buch bei uns online unter www.erstehilfebox.at bestellt und bezahlt haben und Sie im Feld „Nachricht:" als Empfehler angegeben haben, erhalten Sie einen Amazon-Gutschein im Wert von € 25.

Quellen

blog.avenit.de/beitrag/2011/11/24/10-tipps-fuer-facebook-werbung/
blog.fanpagekarma.com/2013/11/25/checkliste-fur-facebook-chronik-gewinnspiel/?lang=de#prettyPhoto
blog.hotelcareer.de/xing-profil-optimieren/
blog.hubspot.com/blog/tabid/6307/bid/33319/10-Examples-of-Facebook-Ads-That-Actually-Work-And-Why.aspx
blog.searchmetrics.com/de/2011/04/07/video-optimierung-youtube-und-universal-search/
blog.searchmetrics.com/de/2011/07/20/6-tipps-mit-denen-es-bei-google-news-prima-klappt/
blog.viermalvier.at/3-gute-argumente-um-den-chef-von-social-media-zu-uberzeugen/
blog.viermalvier.at/facebook-timeline-fuer-unternehmensgeschichte-nutzen/
blog.viermalvier.at/tipp-foto-album-auf-facebook-richtig-erstellen/
blog.xing.com/2012/04/unternehmensprofile-auf-xing-5-praktische-tipps-zur-optimierung/
corporate.xing.com/no_cache/deutsch/unternehmen/xing-ag/
de.slideshare.net/marcustob/smx-2011-video-optimierung-marcus-tober
de.slideshare.net/OReillyVerlag/gratisebook-tipps-aus-dem-facebook-marketingbuch-von-dan-alison-zarrella;
de.slideshare.net/UweBaltner/50-facebook-tipps
de.slideshare.net/UweBaltner/youtube-in-fnf-schritten-zum-unternehmenskanal
de.statista.com/statistik/daten/studie/167841/umfrage/marktanteile-ausgewaehlter-suchmaschinen-in-deutschland/
de.vincent-venus.eu/facebook-tipps-effektive-beitraege/
digitallife.germanblogs.de/archive/2012/04/04/einen-blog-optimieren-so-werden-sie-von-google-gefunden.htm
googleoptimierung.blogspot.co.at/2012/08/grafiken-und-bilder-fur-die-google.html
institut2f.at/10-tipps-fuer-ein-tolles-facebook-posting/
praxistipps.chip.de/xing-impressumspflicht-so-schuetzen-sie-sich-vor-abmahnungen_28912
profile.xing.com/de/
profiloptimierung.de/xing-profilspruch/
socialmedia-institute.com/facebook-werbeanzeigen-facebook-ads-alles-was-du-dazu-wissen-musst/
support.google.com/places/answer/143059?hl=de
www.1-2-social.de/blog/xing-fur-unternehmen/
www.7webwunder.de/content-marketing-blog/content-marketing-kennzahlen/
www.allfacebook.de
www.allfacebook.de/fbmarketing/ads-2014-1
www.allfacebook.de/fbmarketing/checkliste-das-gilt-es-bei-einem-facebook-gewinnspiel-zu-beachten
www.allfacebook.de/fbmarketing/facebook-werbung-weltweit
www.allfacebook.de/features/facebook-anzeigen-2014-fuer-anfaenger-wie-anzeigen-erstellt-werden-und-worauf-es-zu-achten-gilt
www.allfacebook.de/features/mentions-auf-facebook-um-weitere-funktionen-erganzt
www.allfacebook.de/pages/10-tipps-community-management
www.allfacebook.de/pages/facebook-gewinnspiele-so-erhaltet-ihr-alle-likes-oder-kommentare-teilnehmer-zur-verlosung
www.allfacebook.de/pages/rechtliches-1x1-promotions
www.ard-zdf-onlinestudie.de/index.php?id=415
www.blog.welluma.eu/index.php/2011/04/04/den-youtube-kanal-verbessern-und-optimieren/
www.contentmanager.de/magazin/content_ist_und_bleibt_koenig.html
www.contentmanager.de/magazin/die_10_dont_s_im_webdesign.html
www.contentmanager.de/magazin/webdesign_die_ins_und_outs_der_usability.html
www.content-marketing.com/keyword-research-fuer-seo/
www.cpc-consulting.net/Jakob-Nielsen-Usability--x173
www.crowdmedia.de/facebook-werbung-wie-werbeanzeigen-funktionieren/
www.crowdmedia.de/unternehmensprofil-bei-xing-erstellen/
www.deutsche-startups.de/2013/07/26/schritt-fur-schritt-zum-neuen-xing-profil/
www.evergreenmedia.at/google-places-optimierung/
www.faltmann-pr.de/2014/03/24/xing-profil-fertig-und-jetzt/
www.founder.de/wissen/start/mit-google-universal-search-suchmaschinenposition-erheblich-verbessern/
www.futurebiz.de/artikel/facebook-link-posts-optimieren-titel-vorschaubild-beschreibung/
www.gruenderszene.de/lexikon/begriffe/suchmaschinenmarketing-sem
www.internetlivestats.com/google-search-statistics/
www.knallgrau.at/facebookcontentstudie
www.kommboutique.com/tipps-gut-geschriebene-facebook-posts/
www.kununu.com/info/ueber
www.kununu.com/unternehmen/produkte/profil
www.post.ch/post-startseite/post-directpoint/post-dp-tipps-und-tricks/post-dp-dm-tipps-medien/post-16-tipps-fuer-social-media-texte.pdf
www.qwaya.com/blog/2013-04-25/here-is-the-perfect-facebook-post-infographic/
www.ranksider.de/talk/10-tipps-fur-bessere-lokale-rankings-durch-youtube-optimierung
www.rumohr.de/blog/2007/zehn-tipps-fuer-die-geschaeftliche-nutzung-von-xing/
www.rumohr.de/blog/2011/10-tipps-xing-profiloptimierung/
www.rumohr.de/blog/2011/16-tipps-fuer-ihre-professionelle-unternehmenspraesenz-auf-xing/
www.saschakaiser.de/cms2/blog/item/bilder-fuer-soziale-netzwerke-anpassen.html
www.schwindt-pr.com/2012/03/01/chronik-timeline-facebook-seiten-beitraege-fixieren/

www.schwindt-pr.com/2012/11/08/erfolg-facebookseite-messen/
www.seo-gold.de/seo-trends/die-grosten-fehler-bei-onpage-optimierung/
www.socialbench.de/blog/allgemein/facebook-ptat-insights/
www.social-secrets.com/2013/11/youtube-verursacht-meisten-traffic-in-europa/
www.t3n.de/magazin/facebook-anzeigen-clever-werben-facebook-228533/
www.t3n.de/news/10-irrtuemer-landingpage-537349/
www.t3n.de/news/facebook-beitraege-tipps-496354/
www.t3n.de/news/facebook-gewinnspiele-tipps-tricks-513731/
www.t3n.de/news/facebook-gewinnspiel-richtlinien-490740/
www.thomashutter.com
www.thomashutter.com/index.php/2011/03/facebook-mentions-nun-auch-in-kommentaren-moglich/
www.thomashutter.com/index.php/2013/08/facebook-gewinnspiele-in-facebook-vergleich-durchfuehrung-mit-applikationen-vs-chronik/
www.thomashutter.com/index.php/2014/01/facebook-aktuelle-zahlen-zu-facebook-q42013/
www.trafficmaxx.de/trafficmaxx-newsletter/newsletter-13-google-universal-search
www.webhits.de
www.web-kunst-markt.at/google-bildersuche
www.web-kunst-markt.at/google-universal-search
www.wiwo.de/erfolg/jobsuche/soziale-netzwerke-bei-der-jobsuche-17-tipps-fuer-ein-gelungenes-xing-profil/8162288.html
www.worldwidewebsize.com
www.xing.com
www.xing.com/assets/jobs/xing_cp_042013_de.pdf
www.xing.com/companies/contract/select_package
www.xingtipps.tumblr.com/
www.youtube.com/yt/playbook/de/optimization.html

Andere Quellen:

1x1 für Online-Redakteure und Online-Texter – Saim Rolf Alkan
Das Facebook Buch – Annette Schwindt
Don't make me think! – Jacob Nielsen
Erfolgreiche Websites – Esther Düwke, Stefan Rabsch (Galileo Computing)
Follow me! – Anne Grabs, Karim-Patrick Bannour (Galileo Computing)
Google Analytics – Timo Aden
Suchmaschinenoptimierung Handbuch – Sebastian Erlhofer (Galileo Computing)
Texten fürs Web – Stefan Heijnk
Think Content! – Miriam Löffler (Galileo Computing)
Web Analytics – Marco Hassler
Website Boosting 2.0 - Mario Fischer

Magazin Website Boosting, Ausgabe 17
Magazin Website Boosting, Ausgabe 22
Magazin Website Boosting, Ausgabe 4

www.emagnetix.at/eh24